高等职业教育计算机类课程
新形态一体化教材

高职计算机类**职业教育**
国家在线精品课程配套教材

软件测试

● 主编　赵烽　卜令瑞

中国教育出版传媒集团
高等教育出版社·北京

内容提要

本书为职业教育国家在线精品课程配套教材。本书以培养软件测试岗位能力为目标,融入全国职业院校技能大赛软件测试赛项和 Web 应用软件测试职业技能等级证书任务要求,注重软件测试技术的应用、职业素养和思想品德的提升。在内容方面,本书以软件测试工作任务为载体,以完成任务为教学目标,以技能训练为主线,按照软件测试的工作过程设计教学过程,选取典型工作任务组织教学内容。全书共 6 个单元,包括软件测试入门、黑盒测试、白盒测试、单元测试、自动化测试和性能测试。本书突出以任务实践引领知识和技能学习的特色,着重培养学生判断问题、综合分析问题、创设情景和方案解决问题的能力。

本书配有微课视频、课程标准、授课计划、授课 PPT 等数字化学习资源。与本书配套的数字课程"软件测试"在"智慧职教"平台(www.icve.com.cn)上线,学习者可登录平台进行在线学习,授课教师可调用本课程构建符合自身教学特色的 SPOC 课程,详见"智慧职教"服务指南。教师也可发邮件至编辑邮箱 1548103297@qq.com 获取相关资源。

本书适合作为高等职业院校电子与信息大类专业"软件测试"课程的教学用书,也可作为软件测试学习者、从业人员的学习与参考用书。

图书在版编目(CIP)数据

软件测试 / 赵烽,卜令瑞主编. -- 北京:高等教育出版社,2024.7
  ISBN 978-7-04-062049-8

Ⅰ.①软… Ⅱ.①赵… ②卜… Ⅲ.①软件-测试
Ⅳ.①TP311.5

中国国家版本馆 CIP 数据核字(2024)第 063292 号

Ruanjian Ceshi

| 策划编辑 | 柴佳昭 | 责任编辑 | 傅 波 柴佳昭 | 封面设计 | 张雨微 | 版式设计 | 马 云 |
| 责任绘图 | 马天驰 | 责任校对 | 胡美萍 | 责任印制 | 刘弘远 | | |

出版发行	高等教育出版社	网 址	http://www.hep.edu.cn
社 址	北京市西城区德外大街 4 号		http://www.hep.com.cn
邮政编码	100120	网上订购	http://www.hepmall.com.cn
印 刷	唐山市润丰印务有限公司		http://www.hepmall.com
开 本	787mm×1092mm 1/16		http://www.hepmall.cn
印 张	16		
字 数	320 千字	版 次	2024 年 7 月第 1 版
购书热线	010-58581118	印 次	2024 年 7 月第 1 次印刷
咨询电话	400-810-0598	定 价	49.00 元

本书如有缺页、倒页、脱页等质量问题,请到所购图书销售部门联系调换
版权所有 侵权必究
物 料 号 62049-00

"智慧职教" 服务指南

"智慧职教"（www.icve.com.cn）是由高等教育出版社建设和运营的职业教育数字教学资源共建共享平台和在线课程教学服务平台，与教材配套课程相关的部分包括资源库平台、职教云平台和 App 等。用户通过平台注册，登录即可使用该平台。

- 资源库平台：为学习者提供本教材配套课程及资源的浏览服务。

登录"智慧职教"平台，在首页搜索框中搜索"软件测试"，找到对应作者主持的课程，加入课程参加学习，即可浏览课程资源。

- 职教云平台：帮助任课教师对本教材配套课程进行引用、修改，再发布为个性化课程（SPOC）。

1. 登录职教云平台，在首页单击"新增课程"按钮，根据提示设置要构建的个性化课程的基本信息。

2. 进入课程编辑页面设置教学班级后，在"教学管理"的"教学设计"中"导入"教材配套课程，可根据教学需要进行修改，再发布为个性化课程。

- App：帮助任课教师和学生基于新构建的个性化课程开展线上线下混合式、智能化教与学。

1. 在应用市场搜索"智慧职教 icve"App，下载安装。

2. 登录 App，任课教师指导学生加入个性化课程，并利用 App 提供的各类功能，开展课前、课中、课后的教学互动，构建智慧课堂。

"智慧职教"使用帮助及常见问题解答请访问 help.icve.com.cn。

前 言

一、缘起

随着新一代信息技术的发展，软件已应用到各行各业，融入各个方面、各种设备，为人们的生活、学习和工作带来了极大的方便。试想，如果软件出现问题，将带来很大的麻烦。因此，软件产品的质量越来越受到人们的关注，软件测试作为软件质量保证的重要途径，也因此发展迅速，越来越受到相关行业领域的关注与重视，软件测试岗位的就业前景也变得越来越好。然而，目前"软件测试"课程在高等职业院校的开设不是非常广泛，且偏重理论知识的介绍，与工程实践有所脱节。

二、结构

山东劳动职业技术学院于 2010 年起开设该课程，近年来与从事软件测试领域的山东教友信息科技有限公司校企深度合作，课程进行了持续而深入的软件测试课程改革。本书基于软件测试岗位典型工作任务，融入全国职业院校技能大赛软件测试赛项和 Web 应用软件测试职业技能等级标准考核任务，对接新技术、新标准、新规范，补充强化拓展课程内容。按照由简单到复杂的脉络，将教学内容优化重组为 6 个单元，实施由浅到深的以任务为导向的教学模式，带领学习者一起学习软件测试的基础、黑盒测试与白盒测试的技术方法、单元测试方法、自动化工具和性能测试工具，并通过项目实战体验企业软件测试的工作任务。

每个单元通过引例引出单元的核心教学内容，明确教学任务。每个单元的任务编写分为任务描述、任务工单、任务准备、任务实施、任务拓展、任务实训 6 个环节。

任务描述：简述任务目标，对单元中的每个子任务进行简要讲解和分析，让学习者明确本任务需要完成的工作。

任务工单：明确任务目标、任务要求，学习者可以基于任务工单对任务所用知识、实施计划、实施过程等实践任务有清晰的认识。

任务准备：详细讲解每个任务所涉及的主要知识点，明确完成这个任务所需要掌握的知识。

任务实施：分解任务实施的过程，使学习者掌握完成每个任务的步骤。每个任务的实施都有配套的微课视频。

任务拓展：对每个单元的所学知识进行拓展和延伸。

任务实训：通过任务实训，学习者可深入掌握每个单元所学的知识，全面检验自己分析问题、解决问题的能力。

三、特点

1. 融合"岗、课、赛、证",优化重组项目式课程内容

本书依据国家专业教学标准,参照全国计算机等级考试软件测试标准,以岗位能力为本位,以企业真实项目为载体,以软件测试岗位为主线,筛选典型工作任务。本书将每个单元分解成若干个任务,每个任务有相关的支撑知识以及任务实施过程。每一个单元结束都有一个任务实训,将知识融入实际应用中,强化学习者分析问题和解决问题的能力,培养创新实践能力。

2. 丰富的数字化配套资源,为实施数字化教学和职业素养提升提供依据和指导

教材提供了丰富的教学和学习资源,配套数字课程上线中国大学 MOOC 平台,全书配套与知识点对应的微课视频及融媒体教学课程,为教师教学、学生学习提供充足的资源保障。学习者可登录网站进行在线学习及资源下载,授课教师可调用本课程构建符合自身教学特色的SPOC 课程,实现数字化技术与教学方法、教学内容与教学管理的有机融合。为推进党的二十大精神进教材、进课堂、进头脑,本书在"任务工单"中设置"思想提升",并在单元末尾设置了"感悟践行"模块,实施全方位、全过程地浸润提升。

四、使用

本书建议采用基于工作过程的教学模式,按照首先介绍单元教学目录、任务分析,然后讲解相关知识,最后分析任务实施的过程进行教学。

本课程的教学内容可以分解为 6 个模块,建议 48 学时,具体见表 1。

表 1 教学单元与课时安排

单元	单元名称	建议学时
单元 1	软件测试入门	6
单元 2	黑盒测试	10
单元 3	白盒测试	8
单元 4	单元测试	8
单元 5	自动化测试	8
单元 6	性能测试	8
合　计		48

五、致谢

在此,感谢参加教材编写的所有教师。他们对课程标准、课程内容进行了多次审定,并提出了修改意见。感谢书后参考文献的所有作者,感谢他们给予本书的指导。

本书由赵烽、卜令瑞任主编,负责教材总体设计及统稿。由王红玉、张慧、杨姗任副主编,山东教友信息科技有限公司魏秉正参编。单元 1 由杨姗编写,单元 2 由王红玉编写,单元 3 由赵烽、魏秉正编写,单元 4 由卜令瑞编写,单元 5 由张慧编写,单元 6 由李伟伟编写。

由于作者的水平有限,书中不妥之处在所难免,恳请各位读者给予指正。

编　者

2024 年 1 月

目 录

单元 3 / 白盒测试 85

单元 4 / 单元测试 115

单元1

软件测试入门

 学习目标

【知识目标】

- 准确阐释软件测试的基本概念；
- 正确理解软件缺陷；
- 掌握软件测试模型、软件测试的分类和流程。

【能力目标】

- 能够初步编写测试用例；
- 能够分辨软件缺陷的种类。

【素养目标】

- 熟记软件测试的行为准则和职业规范；
- 提高创新意识，培养辩证思维能力，树立勤奋好学的学风；
- 培养唯真求实、尊重数据的科学态度，形成不畏艰难、勇于探索、精益求精的工匠精神和职业素养。

 引例描述

小张同学利用编程语言编制了简单的软件，可是他的同学小李问他："你写的软件质量有保证吗？ 会不会有漏洞呢？"对此小张不知道该怎么回答，于是去请教有经验的王教授。 王教授告诉他，这需要通过软件测试来帮助发现软件的漏洞和缺陷，提高软件的质量，确保软件产品满足用户需求。

王教授要小张按照下面 3 个方面进行学习。

① 正确认识软件测试和软件测试用例；

② 正确认识软件缺陷；

③ 正确理解软件测试模型、软件测试的分类和流程。

任务1　认识软件测试

任务描述

本任务通过介绍软件测试的含义、目的和原则,以及测试用例的概念、重要性和特点,让学生对软件测试有整体的认识,能够根据任务要求设计简单测试用例,从而为后面章节的学习奠定基础。

在设计测试用例的过程中,学生应独立自主完成测试任务的分离,细致、严谨、规范、全面地设计被测任务的测试用例。

任务工单

任务工单:设计简单测试用例

任务名称	设计简单测试用例				
组　　别		成员		小组成绩	
学生姓名				个人成绩	
任务目标	正确理解软件测试和测试用例的概念,能够设计简单的测试用例,对软件测试有更深一步的认识				
任务要求	根据对软件测试和测试用例的理解,认真、仔细、耐心地分析被测程序每个单元模块的细节,具备细致、严谨、规范、全面编写测试用例的职业素养				
知识梳理					
计划决策					

续表

任务名称	设计简单测试用例			
组　别		成员	小组成绩	
学生姓名			个人成绩	
任务 实施				
任务 检查				
任务 评估				
思想 提升	沃尔波斯提到:"所有的科学都是错误先真理而生,错误在先比错误在后好。"根据这句话,应该如何理解"软件测试是为了证明程序有错误而不是证明程序无错误"? 在软件开发阶段,为避免软件开发后期出现不必要的麻烦,应如何保证软件的质量			

任务准备

活动 1　正确认识软件测试

1. 软件测试的定义

在信息技术飞速发展的今天,各种各样的软件产品越来越多,各个行业的发展都已经离不开软件,为帮助发现软件漏洞和缺陷,保证软件产品质量,软件测试工作越来越重要。

软件测试是伴随着软件的产生而产生的。早期,软件规模都很小,复杂程度低,软件开发的过程混乱无序、相当随意,测试的含义比较狭窄,开发人员将测试等同于"调试",目的是纠正软件中已经知道的故障,常常由开发人员自己完成这部分工作。那时对测试的投入极少,测试介入较晚,常常是等到形成完整代码,产品已经基本完成时才进行测试。到了 20 世纪 80 年代初期,软件和 IT 行业进入了大发展时期,软件趋向大型化、高复杂度,软件的质量越来越重要。这个时候,一些软件测试的基础理论和实用技术开始形成,人们为软件开发设计了各种流程和管理方法,软件开发的方式也逐渐由混乱无序的开发过渡到结构化的开发,以结构化分析与设计、结构化评审、结构化程序设计以及结构化测试为特征。人们还将"质量"的概念融入其中。此时软件测试的定义发生了改变,测试不单纯是一个发现错误的过程,更是保证软件质量的主要手段。

1972 年,软件测试领域的先驱 Bill Hetzel(代表论著《The Complete Guide to Software Testing》)组织了历史上第一次关于软件测试的正式会议。在 1973 年,他首先给软件测试下了一个这样的定义:软件测试就是建立一种信心,认为程序能够按预期的设想运行。在 1983 年,他又将定义修订为:评价一个程序和系统的特性或能力,并确定它是否达到预期结果,软件测试就是以此为目的的任何行为。其定义中的"设想"和"预期结果"其实就是现在所说

微课 1-1
走进软件
测试

的用户需求或功能设计。他还把软件的质量定义为"符合要求"。其思想的核心观点是,测试方法试图验证软件是"工作的"。所谓"工作的"就是指软件的功能是按照预先设计执行的。软件测试方法以正向思维,针对软件系统的所有功能点,逐个验证其正确性。软件测试业界把这种方法视为软件测试的第一类方法。

尽管如此,这一方法还是受到很多业界权威的质疑和挑战。代表人物是 G. J. Myers(代表论著为《The Art of Software Testing》)。他认为,测试不应该着眼于验证软件是工作的,相反应该首先确定软件是有错误的,然后用逆向思维去发现尽可能多的错误。他还从人的心理学的角度论证:如果将"验证软件是工作的"作为测试目的,非常不利于软件人员发现错误。于是他于 1979 年提出了软件测试的定义:测试是为发现错误而执行程序或者系统的过程。他认为软件测试的目的包括以下几点。

① 软件测试是程序的执行过程,目的在于发现错误。

② 软件测试是为了证明程序有错误而不是证明程序无错误。

③ 一个好的测试用例能发现至今未发现的错误。

④ 一个成功的测试是发现了至今未发现的错误的测试。

2. 软件测试的目的

随着产品功能的日渐复杂,测试工程师在产品研发中的地位越来越重要,发挥着把控产品质量、监督产品开发、增强用户体验感的作用。在产品研发的各个阶段,软件测试都必不可少,那么软件测试的目的具体有哪些呢?

(1)提高软件的质量

软件测试的首要目的就是提高软件的质量,也就是让用户对产品有更好的体验,保证软件的高质量。

(2)保证软件的安全

软件测试的第二大目的就是保证软件的安全。有一些软件是需要数据加密的,比如各大银行系统的 App,涉及资金的支出和存入,任何漏洞都是致命的,对软件的安全性要求特别高。所以要通过反复测试来提高产品的安全性,保证产品在上线之后不会出现缺陷(Bug)。

(3)降低软件开发成本

软件测试的另外一个目的就是降低软件的开发成本。在开发过程中发现缺陷并及时调整,这样的损失是很小的,一旦产品上线或是即将完成开发才发现缺陷,可能会造成产品大改动,这样就意味着以往的精力全部白费,因此测试就是为了降低开发成本。比如迪士尼的一款狮子王的软件,凭借着狮子王的名声,本应是好评如潮,但因为该软件在很多系统上都无法使用,所以造成了大量的用户投诉和卸载等,带来了非常大的损失。如果当时这款软件能够在不同的系统上进行测试,在上线前将所有的问题全部解决,肯定会大大降低开发成本。

(4)降低企业风险

软件测试除了能够降低开发成本,还可以降低企业风险。试想如果软件存在的问题过多,毫无疑问会影响企业的信誉,导致企业的合作伙伴变少,直接损害公司的利益。但如果有测试人员在中间严格把关,就会降低这种问题出现的可能性。

（5）提升用户体验感

开发人员在开发过程中都是以顺向思维来编写程序代码的,所以很少有开发人员能够站在用户角度去思考。但是测试人员不一样,测试人员以逆向思维来思考程序会在哪一步有问题,站在用户的角度进行测试,这样上线的产品很符合用户的需求,用户使用时也比较顺手,能够提升用户体验感。

3. 软件测试的原则

制定软件测试的基本原则有助于提高测试工作的效率和质量,能让测试人员以最少的人力、物力和精力尽早发现软件中存在的问题,测试人员应该在测试原则的指导下进行测试工作。下面介绍一下业界公认的 6 个基本原则。

（1）测试应基于客户需求

所有的测试工作都应该建立在满足客户需求的基础上。从客户角度来看,最严重的错误就是软件无法满足需求。有时候,软件产品的测试结果非常完美,但却不是客户最终想要的产品,那么软件产品的开发就是失败的,测试工作也是没有任何意义的。因此测试应依照客户的需求配置环境,并且按照客户的使用习惯进行测试并评价结果。

（2）测试要尽早进行

软件的错误存在于软件生命周期的各个阶段,因此应该尽早开展测试工作,把软件测试贯穿到软件生命周期的各个阶段中,这样测试人员能够尽早地发现和预防错误,降低错误修复的成本。尽早地开展测试工作有利于帮助测试人员了解软件产品的需求和设计,从而预测测试的难度和风险,制订出完善的计划和方案,提高测试的效率。

（3）穷尽测试是不可能的

由于精力和资源的限制,进行完全（各种输入和输出的全部组合）的测试是不可能的。测试人员可以根据测试的风险和优先级等确定测试的关注点,从而控制测试的工作量,在测试成本、风险和收益之间求得平衡。

（4）遵循 GoodEnough 原则

GoodEnough 原则是指权衡测试的投入与产出,在测试花费的代价之上形成充分的质量评估过程。测试投入不充分无法保证软件产品的质量,但测试投入过多会造成资源的浪费。随着测试资源投入的增加,测试的产出也是增加的,但当投入达到一定的程度后,测试的效果就不会明显增强了。因此在测试时要根据实际要求和产品质量考虑测试的投入,最好使测试的投入与产出达到一个 GoodEnough 状态。

（5）测试缺陷要符合"二八"定理

缺陷的"二八"定理也称为 Pareto 原则、缺陷集群效应,一般情况下,软件 80% 的缺陷会集中在 20% 的模块中,缺陷并不是平均分布的。因此在测试时,要抓住主要矛盾,如果发现某些模块比其他模块具有更多的缺陷,则要投入更多的人力、精力重点测试这些模块,以提高测试效率。

（6）避免缺陷免疫

大家都知道虫子的抗药性原理,即一种药物使用久了,虫子就会产生抗药性。在软件测试中,缺陷也是会产生免疫性的。同样的测试用例被反复使用,发现缺陷的能力就会越来越差;测试人员对软件越熟悉越会忽略一些看起来比较小的问题,发现缺陷的能力也越差,这种现象被称为软件测试的"杀虫剂"现象。主要原因是测试人员没有及时更新测试用例或者对测试用例和测试对象过于熟悉,形成了思维定式。要克服这种情况,就要不断对测试用例进行修改和评审,不断增加新的测试用例。同时,测试人员也要发散思维,不能只是为了完成测试任务而做一些输入和输出的对比。

微课 1-2
解读测试
用例

活动 2　认识测试用例

1. 测试用例的概念

测试用例(Test Case)是为某个特殊目标依据测试环境而提前编制的一组测试步骤、测试数据和预期结果,它可以用一个简单的公式来概括:

$$测试用例=输入+输出+测试环境$$

其中,输入就是测试数据和操作步骤;输出指的是预期结果;测试环境是指系统环境设置,包括硬件环境、软件环境、网络环境和历史数据。

2. 测试用例的重要性

测试用例的重要性主要体现在技术和管理两个层面。

就技术层面而言,测试用例有利于以下方面。

（1）指导测试的实施

测试用例主要适用于集成测试、系统测试和回归测试。在开始实施测试之前设计好测试用例,可避免盲目测试,使测试的实施做到重点突出。测试用例是测试的标准,实施测试时测试人员必须严格按照用例规定的测试思想和测试步骤逐一实施测试,记录并检查每个测试结果。

（2）规划测试数据的准备

测试实践中,测试数据通常是与测试用例分离的。按照测试用例配套准备一组或若干组测试原始数据及标准测试结果,尤其是像测试报表之类的数据集是十分必要的。

（3）规范测试脚本的编写

自动化测试可以提高测试效率,其中心任务是编写测试脚本。软件编程必须有设计规格说明书,测试脚本的"设计规格说明书"就是测试用例。

（4）降低工作强度

将测试用例通用化和复用化有利于开展测试,减少精力,提高测试效率。软件版本更新后仅需修正少量测试用例就可进行测试工作,有利于降低工作强度,缩短项目周期。

从管理的层面来看,使用测试用例有利于以下几个方面。

（1）团队交流

通过测试用例,测试团队中的不同测试人员将遵循统一的用例规范来开展测试,从而降低测试的歧义,提高测试效率。

（2）重复测试

软件版本更新后,通过测试用例可将不同版本的测试结果记录在案,少量修正或新增的测试用例能区分各版本间测试的差异。

（3）检验测试员进度

测试用例可作为检验测试员的进度、工作量及跟踪、管理测试人员工作效率的因素。

（4）质量评估

完成测试后需要对测试结果进行评估,并编制测试报告。用软件模块或功能点来统计过于粗糙,以测试用例作为测试结果度量基准则更加准确、有效。

（5）分析缺陷

通过收集缺陷、对比测试用例和缺陷数据库,可分析证实是漏测还是缺陷复现。漏测反映了测试用例的不完善,应立即补充相应测试用例,逐步完善软件质量。缺陷复现则反映实施测试或变更处理存在问题。

3. 测试用例的特点

测试用例是软件测试中的重要组成部分,用于验证系统是否按照预期功能运行,测试用例的基本特点如下。

（1）有效性

测试用例能够被使用,且不同人员使用后得到的测试结果一致。

（2）经济性

通过测试用例来进行测试是动态测试的过程,软硬件环境、数据、操作人员及执行过程应满足经济可行的原则。

（3）可重复性

良好的测试用例能够重复使用,即在相同环境下反复执行多次,每次执行都能得到相同的结果,这样可以确保测试结果的可靠性和稳定性。

（4）可修改性

由于软件开发过程中需求变更等原因的影响,工程师需常对测试用例进行修改、增加、删除等,以便测试用例符合相应测试要求。因此测试用例应具有良好的可修改性,使之经过简单修正后就可入库。

（5）可仿效性

面对越来越复杂的软件,需要测试的内容也越来越多,测试用例应具有良好的可仿效性。可仿效性要求不同的测试者在同样的测试环境下使用同样的测试用例都能够得出相应的结论,这样可以在一定程度上降低对测试员的素质要求,减轻测试工程师的设计工作量。

（6）可跟踪性

测试用例应该与用户需求相对应,这样便于评估测试对功能需求的覆盖率。

（7）清晰、简洁

良好的测试用例应描述清晰,每一步都应有相应的作用,有很强的针对性,不应出现一些无用的操作步骤。

任务实施

编写邮箱登录的测试用例。

编写测试用例是测试工作中重要而又日常的工作之一。要在分析测试需求的基础上完成用例的编写。本例主要用于测试邮箱登录,一般会有成功或失败的结果。输入的数据主要有用户名、密码和验证码等。

设计好的测试用例见表 1-1。

表 1-1   邮箱登录的部分测试用例

用例编号	测试步骤	输入数据	预期结果
1	① 输入用户名 ② 输入密码 ③ 单击"登录"按钮	用户名:abc@ 163.com 密码:123456	成功登录邮箱,转到相应账号的邮箱页面
2	① 输入用户名 ② 输入密码 ③ 单击"登录"按钮	用户名:abc@ 163.com 密码:12345678	提示"您输入的账号或密码不正确,请重新输入。"
3	① 输入用户名 ② 单击"登录"按钮	用户名:abc@ 163.com	提示"您还没有输入密码!"
……	……	……	……

参照表 1-2,还能设计出其他关于邮箱登录的测试用例吗?

实际上,测试用例除了以上列出的用例编号、测试步骤、输入数据和预期结果外,还有许多其他的内容。

微课 1-3
实战第一
个软件测
试案例

任务拓展

测试用例主要包含 8 个要素,分别为:测试用例编号、测试项目、测试用例标题、重要级别、预置条件、测试输入、操作步骤和预期结果。

(1)测试用例编号

测试用例编号是由字母、字符、数字组合而成的字符串,有唯一性和易识别性。

(2)测试项目

测试项目包括当前测试用例所属测试用例大类、被测需求、被测模块、被测单元等。

(3)测试用例标题

测试用例标题是对测试用例的简单描述,即用概括的语言描述该测试用例的测试点。每个测试用例的标题不能够重复,因为每个测试用例的测试点是不一样的。

(4)重要级别

重要级别分为高、中、低三等。

高级别:维护系统基本功能、核心业务、重要特性以及实际使用频率比较高的测试用例;

中级别:重要程度介于高和低之间的测试用例;

低级别:实际使用的频率不高,对系统业务功能影响不大的模块或功能的测试用例。

（5）预置条件

预置条件是执行当前测试用例需要的前提条件。如果这些前提条件不满足,则后面测试步骤无法进行测试或无法得到预期结果。

（6）测试输入

测试输入是用例执行过程中需要输入的外部信息。根据软件测试用例的具体情况,有手工输入的内容、上传的文件、数据库记录等。

（7）操作步骤

操作步骤指执行当前测试用例需要经过的操作步骤,需要明确地给出每一个操作的详细描述,以便测试人员根据测试用例操作步骤完成测试用例的执行。

（8）预期结果

预期结果指当前测试用例的预期输出结果,包括返回值内容,界面的响应结果,输出结果的规则符合度等。

 任务实训

任务单:发送邮件时上传附件的测试用例实训任务单

任务名称	发送邮件时上传附件的测试用例实训				
组　　别		成　员		小组成绩	
学生姓名		个人成绩			
实训 任务	正确分析发送邮件时上传附件这一功能的每个模块的细节,根据对测试用例的概念及其要素的含义的理解,编写发送邮件时附件能否正常上传的测试用例				
实训 目的	1. 准确阐释测试用例的基本概念; 2. 准确阐释测试用例的特点和重要性; 3. 正确编写测试用例; 4. 认真、仔细、耐心地分析软件程序的每个模块细节,具备细致、严谨、规范、全面、快速编写简单测试用例的职业素养				
实训 要求	1. 做好实训预习,掌握并熟悉本实训中所需要的测试用例的概念及其要素的含义; 2. 提前了解并分析被测程序的具体功能				
实训 标准	1. 理解测试用例的概念及其要素的含义(30%); 2. 正确分析软件程序每个模块的细节,编写测试用例(30%); 3. 耐心细致、精益求精的工匠精神和严谨、规范、认真的学习态度(20%); 4. 实训报告(20%)				

续表

任务名称	发送邮件时上传附件的测试用例实训				
组　别		成　员		小组成绩	
学生姓名		个人成绩			
实训设备工具					
实训过程步骤					
实训结果					
实训总结					

任务 2　正确认识软件缺陷

任务描述

本任务通过对计算器产品规格说明中加、减、乘、除运算功能的分析,使学生掌握软件缺陷的概念,能够辨别不同的缺陷,了解软件缺陷产生的原因和常见的软件缺陷管理工具。

软件开发的过程中,软件缺陷的产生是不可避免的,在软件缺陷分析的实际操作中,学生应具有耐心细致、精益求精、踏实细心的工匠精神和勇于怀疑、追求高品质的探索精神。

任务工单

任务工单:认识软件缺陷

任务名称	认识软件缺陷			
组　别		成员	小组成绩	
学生姓名			个人成绩	
任务目标	能够快速分析软件产品的功能和任务要求,正确理解软件缺陷的基本概念			
任务要求	按照软件产品功能和任务要求,分析存在的软件缺陷及缺陷类别,并针对分析过程进行总结,进一步加深对软件缺陷的理解			
知识梳理				

续表

任务名称	认识软件缺陷				
组　　别		成员		小组成绩	
学生姓名				个人成绩	
计划 决策					
任务 实施					
任务 检查					
任务 评估					
思想 提升	《韩非子·喻老》中提到:"千里之堤,以蝼蚁之穴溃;百尺之室,以突隙之烟焚。"从这句话中,理解认识软件缺陷的重要性,在软件测试阶段,应保持怎样的态度去发现软件缺陷				

任务准备

微课 1-4
认识软件
缺陷

活动 1　认识软件缺陷

1. 软件缺陷的定义

软件缺陷(Software Defect)常常又被称为 Bug。所谓软件缺陷,即为计算机软件或程序中存在的某种破坏正常运行能力的问题、错误,或者隐藏的功能缺陷。缺陷的存在会导致软件产品在某种程度上不能满足用户的需要。IEEE 729-1983 对缺陷有一个标准的定义:从产品内部看,缺陷是软件产品开发或维护过程中存在的错误、毛病等各种问题;从产品外部看,缺陷是系统所需要实现的某种功能的失效或违背。

缺陷的表现形式不仅体现在功能的失效方面,还体现在以下方面。

① 软件没有实现产品规格说明所要求的功能模块。

以计算器开发为例,计算器应能准确无误地进行加、减、乘、除运算。如果按下加法键,没什么反应,就是第 1 种类型的缺陷;若计算器结果出错,也是第 1 种类型的缺陷。

② 软件中出现了产品规格说明中指明不应该出现的错误。

产品规格说明书还可能规定计算器不会死机,或者停止反应。如果随意敲键盘导致计算器停止接收输入,这就是第 2 种类型的缺陷。

③ 软件实现了产品规格说明没有提到的功能模块。

如果使用计算器进行测试,发现除了加、减、乘、除之外还可以求平方根,但产品规格说明没有提及这一功能模块,这是第 3 种类型的缺陷——软件实现了产品规格说明中未提及

11

的功能模块。

④ 软件没有实现产品规格说明没有明确提及但应该实现的目标。

在测试计算器时,若发现电池没电会导致计算不正确,而产品说明书是假定电池一直都有电的,从而发现第 4 种类型的缺陷。

⑤ 软件难以理解,不容易使用,运行缓慢,或从测试员的角度看,用户最终对软件不满意。

软件测试员如果发现某些地方不合理,比如按键太小,"＝"键的位置不好按,在亮光下看不清显示屏等,都要认定为第 5 种类型的缺陷。

2. 软件缺陷产生的原因

在软件开发过程中,软件缺陷的产生是不可避免的。那么造成软件缺陷的主要原因有哪些? 软件缺陷的产生主要是由软件产品的特点和开发过程决定的。

(1) 软件本身问题

① 系统结构复杂。如果软件系统结构复杂,而又缺少一个很好的层次结构或组件结构,就会导致意想不到的问题或系统维护、扩充上的困难;即使拥有一个很好的架构,复杂的系统在实现时也会隐藏着相互作用的困难,而导致隐藏的软件缺陷。

② 数据恢复问题。没有考虑系统崩溃后的自我恢复和数据的异地备份、灾难性恢复等问题,从而存在系统安全性、可靠性问题。

③ 系统运行环境复杂。一方面,用户使用的计算机环境千变万化,包括用户的各种操作方式或各种不同的输入数据,容易引起一些特定用户环境下的问题。另一方面,在系统实际应用中数据量很大,可能会引起负载问题。

④ 使用新技术。新技术的采用可能涉及技术或系统兼容性的问题。

(2) 团队工作问题

① 需求不清晰。软件需求不清晰或开发人员对需求理解不明确,导致设计目标偏离客户的需求,从而引起功能或产品特征上的缺陷。

② 沟通不够。不同阶段的开发人员对系统设计规格说明书中的某些内容重视不够或存在误解;对设计或编程上的一些假定或依赖性,相关人员没有充分沟通。

③ 项目组成员技术水平参差不齐。新员工较多或培训不够等原因也很容易引起问题。

(3) 技术问题

① 算法错误。在给定条件下没能给出正确或准确的结果。

② 语法错误。对于编译性语言程序,编译器可以发现这类问题,但对于解释性语言程序,只能在测试运行时发现。

③ 计算机和精度问题。计算的结果没有满足所需要的精度。

④ 系统结构问题。系统结构不合理,造成系统性能低下。

⑤ 参数问题。接口参数传递不匹配,导致模块集成出现问题。

(4) 项目管理问题

① 质量意识缺乏。不重视质量计划,对质量、资源、任务、成本等的平衡性把握不好,容

易挤掉需求分析、评审、测试等环节,遗留的缺陷比较多。

② 开发周期短。软件产品开发周期短,需求分析、设计、编程、测试等各项工作不能完全按照定义好的流程来进行,工作不够充分,结果也就不完整、不准确,错误较多;周期短,还给各类开发人员造成太大的压力,引起一些人为的错误。

③ 开发流程不够完善。存在太多的随机性,缺乏严谨的内审或评审机制,容易产生问题。

④ 文档不完整,风险评估不足等。

3. 软件缺陷的分类

软件缺陷有很多,从不同的角度可以将缺陷分为不同的种类。

按照测试种类,可以将软件缺陷分为界面类、功能类、性能类、安全性类、兼容性类等。

按照缺陷的严重程度,可以将缺陷划分为严重、一般、次要、建议。

按照缺陷的优先级不同,可以将缺陷划分为立即解决、高优先级、正常排队、低优先级。

按照缺陷的发生阶段不同,可以将缺陷划分为需求阶段缺陷、构架阶段缺陷、设计阶段缺陷、编码阶段缺陷、测试阶段缺陷。

活动 2 常见的软件缺陷管理工具

如何有效地管理软件产品中的缺陷是每一个软件企业必须面临的问题。遗憾的是,许多软件企业还是停留在手工作坊式的研发模式中,其研发流程、研发工具、人员管理都不尽如人意,无法有效地保证质量、控制进度,并使产品可持续发展。软件缺陷管理是软件项目开发过程中的一个重要环节,选择一个较好的软件缺陷管理工具进行软件缺陷管理尤为重要,以下列举部分主流的软件缺陷管理系统。

微课 1-5
解决管理
软件缺陷

1. Bugzilla

Bugzilla 是一个开源免费的软件缺陷跟踪工具,它能够建立一个完善的跟踪体系,该体系包括报告缺陷、查询缺陷记录并产生报表、处理解决缺陷、管理员系统初始化和设置 4 个部分。

2. BugFree

BugFree 是使用 PHP+MySQL 独立写出的一个缺陷管理系统。该系统简单实用、免费,并且开放源代码(遵循 GNU 通用公共许可协议)。命名“BugFree”有两层意思:一是希望软件中的缺陷越来越少,直到没有;二是免费且开放源代码,大家可以自由使用、传播。

3. Quality Center

Quality Center 是一个基于 Web 的商业测试管理工具,可以组织和管理应用程序测试流程的所有阶段,如制订测试需求、计划测试、执行测试和跟踪软件缺陷。此外,通过 Quality Center 还可以生成报告和图来监控测试流程。

Quality Center 是一个强大的测试管理工具,合理地使用 Quality Center 可以提高测试的工作效率,节省时间,起到事半功倍的效果。

4. JIRA

JIRA 是项目与事务跟踪工具,被广泛应用于软件缺陷跟踪、客户服务、需求收集、流程审批、任务跟踪、项目跟踪和敏捷管理等工作领域。JIRA 配置灵活、功能全面、部署简单、扩展丰富。JIRA 是比较流行的基于 Java 架构的管理系统,在开源领域的认知度比其他测试产品要高得多,而且易用性也好一些。

5. Mantis

Mantis 是一个基于 PHP 技术的轻量级软件缺陷跟踪系统,其功能与前面提及的 JIRA 系统类似,都是以 Web 操作的形式提供项目管理及软件缺陷跟踪服务。Mantis 在功能上可能没有 JIRA 那么专业,界面也没有 JIRA 美观,但在实用性上足以满足中小型项目的管理及跟踪需求。更重要的是其开源,用户不需要负担任何费用。

6. LaunchPad

LaunchPad 最初是一个维护、支持及联系 Ubuntu 开发者的平台。后来越来越多的项目使用该系统进行软件缺陷跟踪管理,如云平台基础架构 OpenStack。

▶ 任务实施

程序员小张编写了一个能够判断人的体重指数和健康状态的应用程序。当输入身高和体重后,单击"查询"按钮,程序会计算出体重指数,并将体重指数和健康状态等信息显示在屏幕上。

请测试该程序是否有缺陷。如果有,将缺陷描述出来,并分析其类别。体重指数的计算公式为:

$$体重指数(BMI) = 体重(kg)/[身高(m)]^2$$

体重指数与健康状态的对应规则见表 1-2。

表 1-2 体重指数与健康状态的对应规则

序号	体重指数(BMI)	健康状态
1	BMI<18.5	消瘦
2	18.5≤BMI<24	正常
3	24≤BMI<27	过重
4	27≤BMI<30	轻度肥胖
5	30≤BMI<35	中度肥胖
6	35≥BMI	重度肥胖

小张对编写的程序进行了测试,发现当输入正常的身高和体重时,会显示正确的 BMI 值,但是当将体重增加到 124 kg 时,BMI 应该为 46.103 51,按照体重指数与健康状态的对应规则,应该属于重度肥胖,而显示的信息却是"中度肥胖",这应该是一个缺陷。另外,当没有输入身高和体重时,单击"查询"按钮,程序也没有对用户提供任何提醒,这应该也是一个

缺陷。

针对以上两个缺陷，小张总结如下。

① 第 1 个缺陷是软件中出现了产品规格说明书中指明的不应该出现的错误，属于第 2 种缺陷；

② 第 2 个缺陷是软件没有实现产品规格说明书中没有明确提及但应该实现的目标，属于第 4 种缺陷。

还能列举出其他缺陷吗？

 任务拓展

产生软件缺陷以后，测试人员需要针对缺陷问题形成记录报告并进行反馈，以解决软件开发过程中出现的问题，提高软件质量，这一报告称为软件测试缺陷报告。软件测试缺陷报告是在软件测试过程中针对发现的缺陷所编写的报告，是记录缺陷信息的主要手段，也是测试过程中最重要的输出之一。清楚的软件测试缺陷报告对测试团队而言具有重要的作用。

① 记录问题：缺陷报告是记录缺陷和问题的主要方式。测试人员应该仔细记录问题，并清晰地描述问题的重要信息。

② 保持沟通：缺陷报告是开发者和测试人员之间沟通的桥梁，有助于开发者了解测试人员发现的问题，并根据这些问题进行反馈和解决。

③ 提高软件质量：缺陷报告不仅提供了问题所在的位置，还可以说明将问题解决之后应有的结果。这有助于开发人员改进软件，进而提高软件的质量。

 任务实训

任务单：分辨软件缺陷实训任务单

任务名称	分辨软件缺陷实训			
组　别		成　员		小组成绩	
学生姓名		个人成绩			
实训任务	程序员小李编写了一个能够分辨三角形形状的应用程序，当输入三角形的三条边 a、b、c 后，程序会将三角形的类别返回给用户。例如三边分别输入为 3、4、5，程序会显示"直角三角形"。 程序编写完成后，小李接着对程序进行了测试，发现当输入三条边为 6、3、4 时，得到的应该是"钝角三角形"，但程序显示"锐角三角形"。然后，他又输入了三条边 5、12、13，程序除了显示"直角三角形"外，还计算出了该三角形的面积。针对小李发现的问题，试分析该程序存在的软件缺陷				
实训目的	1. 准确阐释软件缺陷的概念和分类； 2. 了解软件缺陷产生的原因； 3. 正确分辨被测程序的软件缺陷； 4. 在分辨被测程序的软件缺陷过程中培养耐心细致、精益求精、追求卓越的工匠精神				

续表

任务名称	分辨软件缺陷实训				
组　　别		成　员		小组成绩	
学生姓名		个人成绩			
实训 要求	1. 做好实训预习,掌握并熟悉本实训中所需要的软件缺陷的概念及其分类; 2. 提前了解并分析被测程序的具体功能				
实训 标准	1. 理解软件缺陷的概念和分类(30%); 2. 正确分析软件程序每个模块的细节,分辨被测程序的软件缺陷(30%); 3. 耐心细致、精益求精、踏实细心的工匠精神和勇于怀疑、追求品质的探索精神(20%); 4. 实训报告(20%)				
实训 设备 工具					
实训 过程 步骤					
实训 结果					
实训 总结					

任务 3　理解软件测试的模型

任务描述

　　本任务主要讲解软件测试的模型及分类,旨在让学生掌握各种软件测试模型,理解不同标准下软件测试的分类及各种测试方法的联系与区别,了解软件测试的全过程。

　　软件测试模型兼顾了软件开发过程,对软件开发和测试进行了很好的融合。通过本任务能够培养学生耐心细致、精益求精、一丝不苟的工匠精神和全面学、系统学、贯通学的学习精神,培养学生协作意识、责任意识、规范意识等职业素养。

▶ **任务工单**

任务工单：理解软件测试的模型

任务名称	理解软件测试的模型				
组　别		成员		小组成绩	
学生姓名				个人成绩	
任务目标	掌握软件测试模型，正确理解软件测试的分类，掌握不同分类方法的联系与区别				
任务要求	根据不同的测试对象、测试背景，按照软件产品功能和任务要求，分析软件测试模型的应用场景及作用，理解软件测试分类方法，灵活区分并使用不同的测试类别				
知识梳理					
计划决策					
任务实施					
任务检查					
任务评估					
思想提升	孟子曰："离娄之明、公输子之巧，不以规矩，不能成方圆。"从这句话中，应如何理解软件测试模型对软件测试工作的重要性				

▶ **任务准备**

活动 1　正确理解软件测试模型

软件测试是与软件开发紧密相关的一系列有计划的活动，是保证软件质量的重要手段，因此人们相继设计了很多软件测试模型用于指导测试工作。软件测试模型兼顾了软件开发过程，对软件开发和测试进行了很好地融合，它既明确了软件开发与测试之间的关系，又使测试过程与开发过程产生交互，是软件测试工作的框架，也是重要参考依据。

软件测试模型对测试工作具有指导作用，对测试效果与质量都有很大的影响，很多测试专家在实践中不断改进创新，创建了很多实用的软件测试模型。下面介绍几种比较重要的软件测试模型。

1. V 模型

瀑布模型是最早出现的软件开发模型，在软件工程中占有重要的地位，它提供了软件开发的基本框架。其过程是从上一项活动接收工作对象作为该项活动的输入,实施该项活动应完成的内容,并给出该项活动的工作成果,将工作成果作为输出传给下一项活动。同时评审该项活动的实施,若确认,则继续下一项活动,否则返回前面的活动。

V 模型是由保罗・鲁克(Paul Rook)在 20 世纪 80 年代提出的,它是软件测试模型中最具有代表性的模型之一。V 模型是瀑布模型的变种,在瀑布模型的后半部分添加了测试工作,如图 1-1 所示。

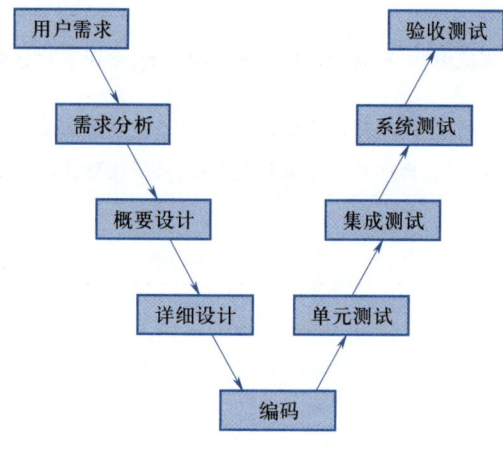

图 1-1　V 模型示意图

V 模型描述基本的开发过程与测试行为,主要反映测试活动分析与设计之间的关系。它非常明确地表明测试过程所包含的不同级别,以及测试各阶段与开发各阶段的对应关系。V 模型的左边是自上而下、逐步细化的开发过程,右边是自下而上、逐步集成的测试过程。这也符合软件开发与软件测试的关系。

V 模型应用瀑布模型的思想将复杂的测试工作分成目标明确的小阶段,具有阶段性、顺序性和依赖性的特点,它既包含对于源代码的底层测试,也包含对于软件需求的高层测试。但是 V 模型也有一定的局限性,它只有在编码之后才能开始测试,早期的需求分析等前期工作没有涵盖其中,因此它不能发现需求分析等早期的错误,这为后期的系统测试、验收测试埋下隐患。

2. W 模型

由于 V 模型无法体现“尽早地和不断地进行软件测试的原则”,于是出现 W 模型。如图 1-2 所示,W 模型由 2 个 V 模型组成,分别代表开发过程和测试过程。

从模型中不难看出,测试伴随着开发的全过程,而且测试的对象也不限于程序,还包括需求文档、设计文档等。例如,需求分析完成后,测试人员就可以开始针对需求进行测试,以便尽早地发现缺陷。但 W 模型也存在局限性。在 W 模型中,需求、设计、编码等活动是串行的,同时测试和开发活动也保持着一种线性的前后关系,上一阶段完全结束,才可正式开始下一个阶段工作,这样就无法支持迭代、自发性等需要变更调整的项目。

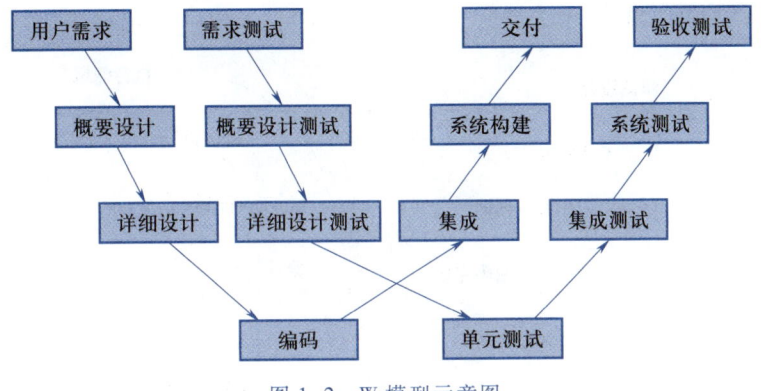

图 1-2 W 模型示意图

3. H 模型

相对于 V 模型和 W 模型,H 模型将测试活动完全独立出来,形成一个完全独立的流程,将测试准备活动和测试执行活动清晰地体现出来,如图 1-3 所示。

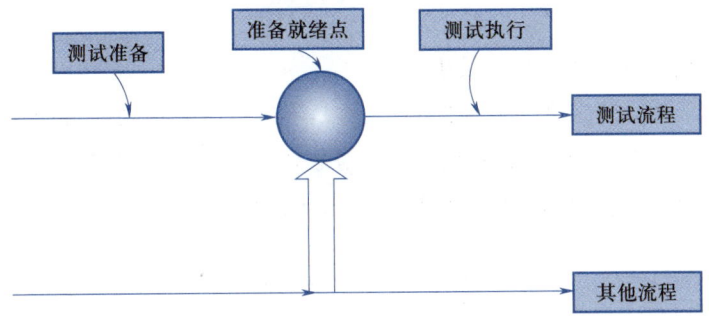

图 1-3 H 模型示意图

这个示意图仅仅演示了在整个生产周期中某个层次上的一次测试"微循环"。图中标注的"其他流程"可以是任意的开发流程,例如设计流程或编码流程。也就是说,只要测试条件成熟,测试准备活动完成,测试执行活动就可以(或者说需要)进行。

H 模型揭示了一个原理:软件测试是一个独立的流程,以独立完整"微循环"流程,参与产品生命周期的各个阶段,与其他流程并发地进行。H 模型指出软件测试要尽早准备,尽早执行,只要某个测试达到准备就绪点,测试执行活动就可以开展,并且不同的测试活动可按照某个次序先后进行,也可以反复进行。

4. X 模型

X 模型的设计原理是将程序分为多个片段反复迭代测试,然后将多个片段集成再进行迭代测试,如图 1-4 所示。

X 模型的左边描述的是针对单独程序片段所进行的相互分离的编码和测试,此后程序片段通过集成最终成为可执行的程序,然后再对这些可执行程序进行测试。已通过集成测试的成品可以在封装后提交给用户,也可以作为更大规模和范围内集成的一部分。多根并

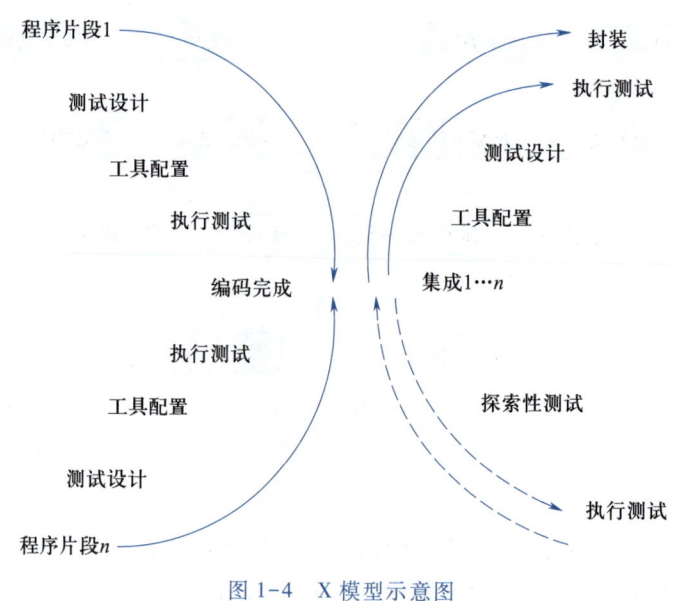

图 1-4　X 模型示意图

行的曲线表示变更可以在各个部分发生。

X 模型的右下部分还定义了探索性测试,这是不进行事先计划的特殊类型的测试,这一方式往往能帮助有经验的测试人员在测试计划之外发现更多的软件缺陷。但可能造成人力、物力和财力的浪费,对测试员的熟练程度要求比较高。

活动 2　软件测试的分类

1. 按照测试阶段分类

（1）单元测试

单元测试是对软件中的基本组成单位进行的测试,如一个模块、一个过程等。它是软件动态测试最基本的部分,也是最重要的部分之一,其目的是检验软件基本组成单位的正确性。因为单元测试需要熟悉内部程序设计和编码的细节知识,一般应由程序员而非测试员来完成。一个软件单元的正确性是相对于该单元的规约而言的。因此,单元测试以被测试单位的规约为基准。单元测试的主要方法有控制流测试、数据流测试、排错测试、分域测试等。

（2）集成测试

集成测试是在软件系统集成过程中所进行的测试,其主要目的是检查软件单位之间的接口是否正确。它根据集成测试计划,一边将模块或其他软件单位组合成越来越大的系统,一边运行该系统,以分析所组成的系统是否正确,各组成部分是否合拍。集成测试的策略主要有自顶向下和自底向上两种。

（3）系统测试

系统测试是对已经集成好的软件系统进行彻底的测试,以验证软件系统的正确性和性能等是否满足其规约所指定的要求。软件系统测试的方法很多,主要有功能测试、性能测试、随机测试等。

（4）验收测试

验收测试是部署软件之前的最后一个测试操作,即在软件产品完成了单元测试、集成测试和系统测试之后,产品发布之前所进行的软件测试活动。验收测试旨在向软件的购买者展示该软件系统能够满足用户的需求。

（5）回归测试

回归测试是在软件维护阶段,对软件进行修改之后进行的测试。回归测试作为软件生命周期的一个组成部分,在整个软件测试过程中占有很大的工作量比重,软件开发的各个阶段都会进行多次回归测试。

2. 按照测试方法分类

（1）白盒测试

白盒测试也称结构测试或逻辑驱动测试,是指基于应用代码的内部逻辑知识,覆盖全部代码、分支、路径、条件的测试。它知道产品内部工作过程,通过测试来检测产品内部动作是否按照规格说明书的规定正常进行;按照程序内部的结构测试程序,检验程序中的每条通路是否都能按预定要求正确工作。白盒测试的主要方法有逻辑覆盖法、基本路径测试法等。

（2）黑盒测试

黑盒测试是通过测试来检测每个功能是否都能正常使用。在测试中,把程序视为一个不能打开的黑盒子,在完全不考虑程序内部结构和内部特性的情况下,在程序接口处进行测试,它只检查程序功能是否能够按照需求规格说明书的规定正常使用,程序是否能适当地接收输入数据并产生正确的输出信息。黑盒测试着眼于程序外部结构,不考虑内部逻辑结构,主要针对软件界面和软件功能进行测试。黑盒测试方法主要有等价类划分、边界值分析、因果图、错误推测等。

（3）灰盒测试

灰盒测试是介于白盒测试与黑盒测试之间的一种测试,灰盒测试多用于集成测试阶段,不仅关注输入、输出的正确性,同时也关注程序内部的情况。灰盒测试不像白盒测试那样详细、完整,但又比黑盒测试更关注程序的内部逻辑,通常是通过一些表征性的现象、事件、标志来判断内部的运行状态。

灰盒测试结合了白盒测试和黑盒测试的要素,它考虑了用户端、特定的系统知识和操作环境,在系统组件的协同性环境中评价应用软件的设计。

3. 按照自动化程度分类

（1）手工测试

手工测试由测试人员一个一个地输入测试用例,然后观察结果,和自动化测试相对应,属于比较原始但是必须实行的一个步骤。手工测试比较耗时费力,而且如果测试人员处在疲惫状态下,则很难保证测试的效果。

（2）自动化测试

自动化测试是借助脚本、自动化测试工具等完成相应的测试工作,也需要人工的参与,但是测试人员可以将要执行的测试代码或流程写成脚本,通过执行脚本来完成整个测试工作。

自动化测试不能完全替代手工测试,其目的仅仅在于让测试人员从烦琐重复的测试流程中解脱出来,把更多的时间和精力放在更有价值的测试中,例如探索性测试。

4. 按照测试执行方式分类

（1）动态测试

动态测试是指通过运行被测程序,输入相应的测试数据来验证运行结果与预期结果是否一致。目前动态测试也是企业实施项目测试的主要方式。根据动态测试在软件开发过程中所处的阶段和作用,可以将其划分为单元测试、系统测试、集成测试和验收测试 4 个步骤。

（2）静态测试

静态测试就是不实际运行被测软件,只是静态地检查程序代码、界面或文档中可能存在的错误的过程。测试内容主要包括代码测试、界面测试和文档测试 3 个方面。

5. 按照软件质量特性分类

（1）功能测试

功能测试用于测试软件的功能是否满足客户的需求,包括准确性、易用性、适合性、互操作性等。

（2）性能测试

性能测试用于测试软件的性能是否满足客户的需求。性能测试包括负载测试、压力测试、兼容性测试、可移植性测试和健壮性测试等。

微课 1-7
体验软件
测试流程

活动 3   软件测试的流程

一般而言,软件测试从项目确立时就开始了,前后要经历以下主要环节:需求分析→测试计划制订→测试用例设计→执行测试→分析结果（缺陷跟踪）。

1. 需求分析阶段

在需求分析阶段,测试员开始介入,与开发人员一起了解项目的需求,站在用户角度确定重点测试方向,包括分析测试需求文档、要用到的黑盒测试方法。

一般而言,需求分析包括软件功能需求分析、测试环境需求分析、测试资源需求分析等。其中,最基本的是软件功能需求分析。测试一款软件首先要知道软件能实现哪些功能以及是怎样实现的,分析的依据是软件需求文档、软件规格书以及开发人员的设计文档等。

2. 测试计划制订阶段

测试人员在需求分析之后最终定义一个测试集合,通过刻画和定义测试来发现需求中的问题,然后根据软件需求同测试主管制定并确认测试计划。

测试计划应具备关键的管理功能,它定义了各个级别的测试所使用的策略、方法、测试环境、测试通过或失败的准则等内容。制订测试计划的目的是为有组织地完成测试提供基础。

3. 测试用例设计阶段

按照测试计划划分需要测试的子系统,设计测试用例,开发必要的测试驱动程序,同时准备测试工具、测试数据及期望的输出结果。

在这一阶段,最主要的工作是测试用例编写和测试场景设计。一份好的测试用例对测试有很好的指导作用,能够发现很多软件问题。测试场景设计主要是测试环境问题,不同软件产品对测试环境有着不同的要求,如软件产品有 C/S 或 B/S 架构,操作系统有 Windows、UNIX、Linux 及 macOS 等,这些测试环境都是必需的。

4. 执行测试阶段

执行测试阶段需要做的工作包括搭建测试环境、运行测试、记录测试结果、报告软件缺陷、跟踪软件缺陷、分析测试结果,必要时进行回归测试。

测试执行过程又可以分为以下阶段:单元测试→集成测试→系统测试→出厂测试。其中每个阶段还有回归测试等。

从测试的角度而言,测试执行需要考虑量和度的问题,也就是测试范围和测试程度的问题。比如,一个版本需要测试哪些方面?每个方面要测试到什么程度?

5. 分析结果阶段

每个版本和每个阶段都有各自的测试总结。当项目完成并提交给用户后,一般要对整个项目进行回顾总结,看有哪些做得不足的地方,有哪些经验可以在今后的测试工作中借鉴等。

以上流程并未包含软件测试过程的全部。根据实际情况还可以实施一些测试计划评审、用例评审、测试培训等。在软件正式发行后,若遇到一些严重问题,还需要进行一些后续维护测试等。

▶▶ 任务实施

公司 A 承担业主 B 的办公自动化系统的建设工作。2023 年 10 月初,项目正处于开发阶段,预计 2024 年 5 月能够完成全部开发工作,但是合同规定 2023 年 10 月底进行系统验收。因此,2023 年 10 月初,公司 A 依据合同规定向业主 B 和监理方提出在 2023 年 10 月底进行验收测试的请求,并提出了详细的测试计划和测试方案。在该方案中指出,测试小组由公司 A 的测试工程师、外聘测试专家、外聘行业专家及监理方的代表组成。

公司 A 的做法是否正确?请给出理由。

1. 案例分析

可以从验收的时间来分析公司 A 的做法是否正确。验收测试是否通过主要应该依据需求规格说明书的各项要求是否符合用户需求来决定。验收测试的人员既要包括开发方,也需要包括用户方。

2. 案例实现

公司 A 的做法不正确,原因如下。

① 验收测试要在系统测试通过之后、交付使用之前进行,而不能仅仅根据合同规定进行。2016 年 10 月底并不具备验收测试的条件;

② 验收测试不能缺少用户方的人员。

3. 案例拓展

上述案例的单元测试、集成测试和系统测试的内容分别是什么?

微课 1-8
制定软件
测试方案

任务拓展

在软件开发与运行阶段一般需要完成单元测试、集成测试、确认测试、系统测试和验收测试,这些测试对软件质量保证起着非常关键的作用。单元测试、集成测试、确认测试、系统测试和验收测试的异同点如表 1-3 所示。

表 1-3　各种测试类型的比较

测试名称	测试对象	测试依据	人员	测试方法
单元测试	最小规模,如函数、类等	详细设计说明书	白盒测试工程师或开发人员	主要采用白盒测试
集成测试	模块间的接口,如参数传递	概要设计说明书	白盒测试工程师或开发人员	黑盒和白盒测试相结合
确认测试	整个系统	需求规格说明书	黑盒测试工程师	黑盒测试
系统测试	整个系统,包括软硬件	需求规格说明书	黑盒测试工程师	黑盒测试
验收测试	整个系统,包括软硬件	需求规格说明书、验收标准	主要为用户,还可能包括测试工程师等	黑盒测试

 ## 任务实训

任务单:分辨黑盒测试和白盒测试实训任务单

任务名称	分辨黑盒测试和白盒测试实训				
组　　别		成　员		小组成绩	
学生姓名		个人成绩			
实训任务	程序员小李编写了一个能够分辨三角形形状的应用程序,当输入三角形的三条边 a、b、c 后,程序会将三角形的类别返回给用户。例如三边分别输入为 3、4、5,程序会显示"直角三角形"				

任务名称	分辨黑盒测试和白盒测试实训				
组　　别		成　员		小组成绩	
学生姓名		个人成绩			
实训 任务	程序编写完成后,小李接着对程序进行了测试。他计划通过程序运行、数据输入和输出,测试软件是否符合需求说明。他从下面两个方面进行测试。 1. 测试逻辑功能是否正确 这个问题是测试三角形类别的判断结果是否正确。用户输入三角形的三边,看系统是否能够正确判断三角形的类别。 2. 界面测试 测试用户界面的功能模块的布局是否合理、整体风格是否一致、各个控件的放置位置是否符合用户使用习惯。此外,还测试界面操作的便捷性,导航简单易懂性,页面元素的可用性,界面中文字是否正确,命名是否统一,页面是否美观,文字、图片组合是否完美等。 他的同事小王认为,小李的测试还不够,应该要查看程序的源代码,检验程序中的每条通路是否都能按预定要求正确工作,要设计相关的测试用例,动态执行,对比预期结果与实际结果是否相符。 综上所述,你认为小李和小王的哪些观点体现了黑盒测试方法,哪些体现了白盒测试方法? 并对两种方法做简要总结				
实训 目的	1. 准确阐释黑盒测试和白盒测试的概念; 2. 正确分辨黑盒测试和白盒测试的区别; 3. 在分辨测试方法过程中培养耐心细致、精益求精、追求卓越的工匠精神				
实训 要求	1. 做好实训预习,掌握并熟悉本实训中所需要的黑盒测试和白盒测试的概念; 2. 提前了解并分析被测程序的具体功能				
实训 标准	1. 理解黑盒测试和白盒测试的概念(30%); 2. 正确分析软件程序的功能,分辨黑盒测试和白盒测试(30%); 3. 耐心细致、精益求精、踏实细心的工匠精神和勇于怀疑、追求品质的探索精神(20%); 4. 实训报告(20%)				
实训 设备 工具					
实训 过程 步骤					
实训 结果					
实训 总结					

单元小结

本章主要介绍了软件测试的基础知识，如软件测试的定义、目的，软件缺陷的概念、分类，以及软件测试的模型与分类等内容。

软件测试是以发现故障为目的而执行程序的过程。 这一定义强调寻找故障是测试的目的。 另外，测试是一种活动，是一个或多个测试用例的集合，测试用例是为特定的目的而开发的一组测试输入、执行条件和预期结果。

在许多软件开发组织中，软件缺陷管理都是开发和测试过程的组成部分。 本单元主要对软件缺陷的定义、产生原因和分类进行了说明，同时也列举了常见的软件缺陷管理工具。

为了更好地执行测试过程，测试专家通过实践和改进创建了很多实用的测试模型，而这些模型明确了测试与开发之间的关系，使测试过程与开发产生交互，是测试管理的重要参考依据。 常见的测试模型有 V 模型、W 模型、H 模型和 X 模型。 在实际的项目中，读者要思考这些模型各自的特点，合理应用这些模型的优点。

最后，本单元介绍了软件测试的分类。 按照测试阶段，分为单元测试、集成测试、系统测试、验收测试和回归测试；按照测试方法，分为白盒测试、黑盒测试和灰盒测试；按照自动化程度，分为手工测试和自动化测试；按照测试执行方式，分为动态测试和静态测试；按照软件质量特性，分为功能测试和性能测试。

 感悟践行

软件测试发生在整个软件生命周期中，其目的在于发现错误。对于测试过程中发现的问题，分析研究其产生的原因以及错误的分布情况，能够帮助工作人员发现软件处理过程中存在的问题。与此同时，这类分析还能够帮助测试人员推出更加有效、合理的检测手段，从而进一步提升测试的工作效率。在软件测试过程中，需要具备耐心细致、精益求精、一丝不苟的工匠精神和全面系统、融会贯通的学习精神，树立协作意识、责任意识、规范意识等。

单元测评

单元 1 测评表

专业能力核心	评价指标	自评结果
正确认识软件测试的能力	1. 能够描述软件测试的基本概念；	□ A □ B □ C
	2. 能够描述测试用例的基本概念；	□ A □ B □ C
	3. 能够细致、严谨、规范、全面地设计简单的测试用例	□ A □ B □ C
		□ A □ B □ C

续表

专业能力核心	评价指标	自评结果
正确认识软件缺陷的能力	1. 能够描述软件缺陷的基本概念； 2. 能够描述常见的软件缺陷管理工具； 3. 能够分辨不同的软件缺陷； 4. 具有耐心细致、精益求精、踏实细心的工匠精神和勇于怀疑、追求品质的探索精神	□ A □ B □ C □ A □ B □ C □ A □ B □ C □ A □ B □ C
正确理解软件测试模型的能力	1. 能够描述软件测试模型的基本概念； 2. 能够理解软件测试的分类； 3. 能够掌握软件测试的一般流程。 4. 具有耐心细致、精益求精、一丝不苟的工匠精神和全面系统、融会贯通的学习精神	□ A □ B □ C □ A □ B □ C □ A □ B □ C □ A □ B □ C
学生签字： 教师签字：		年 月 日

单元测验

一、单选题

1. 软件测试是软件质量保证的重要手段,(　　)是软件测试的最基础环节。

A. 功能测试　　　　B. 单元测试　　　　C. 结构测试　　　　D. 验收测试

2. 软件测试是采用(　　)执行软件的活动。

A. 测试用例　　　　B. 输入数据　　　　C. 测试环境　　　　D. 输入条件

3. 在软件测试阶段,测试步骤按次序可以划分为(　　)。

A. 单元测试、集成测试、系统测试、验收测试

B. 验收测试、单元测试、系统测试、集成测试

C. 单元测试、集成测试、验收测试、系统测试

D. 系统测试、单元测试、集成测试、验收测试

4. 下面说法正确的是(　　)。

A. 经过测试没有发现错误说明程序正确

B. 测试的目的是证明程序没有错误

C. 成功的测试是发现了迄今尚未发现的错误的测试

D. 成功的测试是没有发现错误的测试

5. V模型描述了软件基本的开发过程和测试行为,描述了不同测试阶段与开发过程各阶段的对应关系。其中,集成测试阶段对应的开发阶段是(　　)。

A. 需求分析阶段　　　　　　　　B. 概要设计阶段

C. 详细设计阶段　　　　　　　　D. 编码阶段

6. (   )不是正确的软件测试的目的。

A. 尽最大的可能找出最多的错误

B. 设计一个好的测试用例对用户需求的覆盖度达到 100%

C. 对软件质量进行度量和评估,以提高软件的质量

D. 发现软件开发过程的缺陷,进行软件过程改进

7. 测试用例设计是测试工作中最重要的工作之一,需要设计测试用例的原因不包括(   )。

A. 避免盲目测试并提高测试效率,减少测试的不完全性

B. 使用测试用例让软件测试的实施重点突出、目的明确

C. 根据测试用例的多少和执行难度,可以估算测试工作量,便于测试项目的时间和资源的管理与跟踪

D. 可以提高测试工程师的素质

二、填空题

1. 软件测试的目的在于_____。

2. _____是为某个特殊目标依据测试环境而提前编制的一组测试步骤、测试数据和预期结果。

3. 软件测试的模型主要有 V 模型、_____、_____和_____。

4. 白盒测试又称为_____,黑盒测试又称为_____。

5. _____是通过测试来检测每个功能是否都能正常使用。在测试中,把程序看作一个不能打开的黑盒子,在完全不考虑程序内部结构和内部特性的情况下,只检查程序功能是否能够按照需求规格说明书的规定正常使用。

三、简答题

1. 什么是软件测试? 什么是测试用例?

2. 软件缺陷主要体现在哪些方面?

3. 简述各软件测试模型的特点。

4. 按照阶段对软件测试进行分类,可以分为哪几个阶段?

单元2

黑盒测试

 学习目标

【知识目标】

- 准确阐释黑盒测试的基本概念；
- 准确描述等价类方法；
- 正确理解边界值思想；
- 正确理解判定表的条件和动作；
- 准确阐述因果图的符号和约束；
- 准确概括正交实验法的步骤。
- 了解其他测试方法。

【能力目标】

- 能使用等价类思想分析程序需求规格说明；
- 能使用边界值思想分析输入域和输出域；
- 能使用等价类、边界值、判定表、因果图、正交实验等方法设计测试用例；
- 能够根据给定的系统选择合适的黑盒测试方法设计测试用例。

【素养目标】

- 熟记黑盒测试的行为准则和职业规范；
- 在黑盒测试用例设计中具备创新思维和探索精神，能够在实践中不断地提升自己；
- 在黑盒测试用例设计中具备综合分析和灵活处理复杂问题的职业素养。

引例描述

小王同学通过前面的学习，对软件测试和软件缺陷都有了一定的了解，但是他有一个疑问，在软件工程初期，源代码还没有写的时候，是否能够进行软件测试的相关工作？

通过黑盒测试可以提前进行软件测试的相关工作。

黑盒测试是一种常见且常用的软件测试方法，它将被测软件看成是一个无法打开的黑盒，主要根据功能需求设计测试用例来完成软件的测试，又称为功能测试。黑盒测试着眼于程序外部结构，不考虑内部逻辑结构，主要针对软件界面和软件功能进行测试。黑盒测试用例的设计方法主要有等价类、边界值、判定表、因果图、正交实验法等。

小王同学要在源代码开发前进行软件测试的相关工作，需要按照下面 5 步黑盒测试学习计划来完成学习。

① 学习使用等价类方法设计测试用例；

② 学习使用边界值的思想设计测试用例；

③ 学习使用判定表法设计测试用例；

④ 学习使用因果图设计测试用例；

⑤ 学习使用正交实验法设计测试用例。

任务 1　等价类测试

 任务描述

本任务通过观察某信息系统注册界面的功能，分析各项功能的输入条件，划分等价类，建立等价类表，设计测试用例覆盖等价类，完成对某信息系统注册界面的功能测试。

等价类划分是一种典型的黑盒测试方法，它将程序所有可能的输入数据（有效的和无效的）分成若干个部分，然后从每个部分中选取有代表性的数据设计测试用例，测试用例由有效等价类和无效等价类的代表数据组成，从而保证测试用例具有完整性和代表性。使用这一方法设计测试用例可以不考虑程序的内部结构，以需求规格说明书为依据，通过认真分析说明书的各项需求，选择适当的典型子集，尽可能多地发现错误。测试用例的编写并不困难，但是略有些枯燥，但只有提高认识、练好内功、关注细节，设计并撰写好测试用例，才能确保软件产品的质量。

任务工单

任务工单:使用等价类方法设计测试用例

任务名称	使用等价类方法设计测试用例				
组　　别		成员		小组成绩	
学生姓名				个人成绩	
任务 目标	认真分析功能说明书,正确划分等价类,建立等价表,设计测试用例覆盖所有的有效等价类和无效等价类				
任务 要求	按照任务目标,首先分析需求规格说明书,明确各功能模块的输入规则;划分每个功能模块的有效等价类和无效等价类,建立等价类表,为每一个等价类规定一个唯一编号;设计测试用例覆盖所有的有效等价类和无效等价类,完备、无冗余地完成程序所有等价类测试用例的设计				
知识 梳理					
计划 决策					
任务 实施					
任务 检查					
任务 评估					
思想 提升	《三国志·蜀书·先主传》有云:"勿以恶小而为之,勿以善小而不为。惟贤惟德,能服于人。"使用等价类方法设计测试用例,看似很简单,但只有认真仔细、不骄不躁、把握细节,才能真正设计并撰写好测试用例,才能确保软件产品的质量				

> **任务准备**

活动 1　认识等价类方法

从理论上来讲,黑盒测试只有对一个程序穷举所有可能的输入进行测试,才能发现程序中所有的错误,不仅要测试所有合法的输入,而且要对那些不合法但有可能出现的输入进行测试。上一单元在软件测试的技术原则部分提到,穷举测试是不可能的,所以必须要提高测试的针对性,既要测试各种可能的情况,提高测试的完备性,又要避免重复,降低冗余,节约测试成本。等价类方法就是这样一种黑盒测试方法。

1. 等价类划分

什么是等价类划分? 先来看一个例子。某工厂要给员工做工装,服装厂拿过来样品请员工们试穿,那么需不需要每个员工都去试穿呢? 如果工厂的员工很多,每个人都去试穿是一件费时费力的事情。很容易想到一种简便的方法,那就是把员工按照身材分成不同的组(见图2-1),同一组只需要去一个人试穿就可以了,如果这个员工试穿合身,那么由于同组其他员工的身材跟他基本一样,所以也会合身。这就是等价类划分的思想。

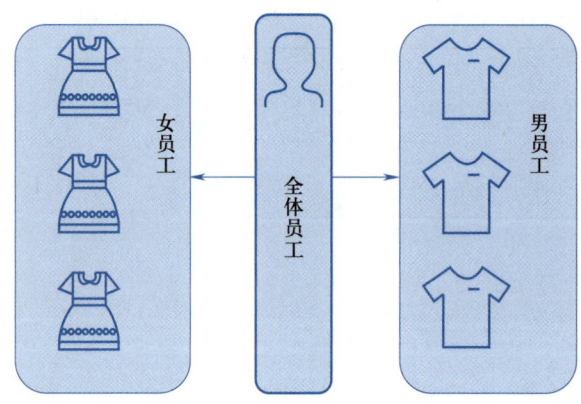

图 2-1　等价类划分示例

划分等价类时,将所有可能的输入数据,即程序的输入域,划分为若干部分。等价类是输入域的子集合,各个等价类之间不应存在相同的特性,所有等价类的并集应当是被划分集合的全集,如图2-2所示。从软件测试的角度来说,由于等价类中的数据具有相同的特性,所以对于发现或者揭露程序中的缺陷来说,它们的作用是等价的,或者说效果是相同的,于是等价类划分法合理地假定:对于某个等价类而言,只测试其中的某个代表数据,就等效于对这一等价类中所有的数据进行测试。

等价类的划分有以下两种不同的情况。

① 有效等价类:是指对程序的规格说明而言,合理且有意义的输入数据构成的集合。

② 无效等价类:是指对程序的规格说明而言,不合理的、无意义的输入数据构成的

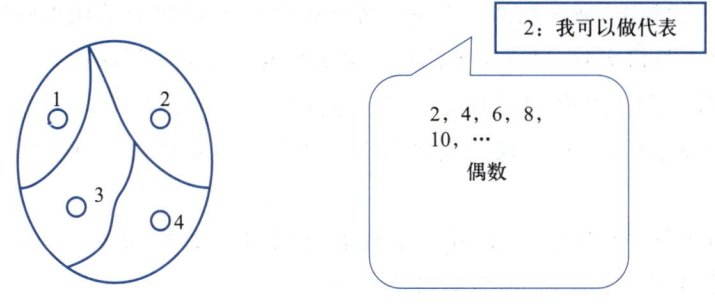

图 2-2　等价类划分示例

集合。

下面来看一个最简单的等价类划分的示例。

符号函数 $f(x)$，输入为 x，输出为 y，如果 $x>0$，则 $y=1$；如果 $x=0$，则 $y=0$；如果 $x<0$ 则 $y=-1$。

现在对 x 划分等价类。x 的有效等价类有三类，分别是 $x>0$、$x=0$ 和 $x<0$。而 x 的无效等价类可以归为一类，即所有不能和 0 进行大小比较的数据。

在这一示例中，x 的有效等价类是按照区间来划分的。对不同的数据类型及处理规则，划分等价类的方式也有所不同，常见的划分方式有按区间划分、按数值划分、按集合划分、按限制条件或限制规则划分、按处理方式划分等。

等价类划分的原则有以下 6 点。

① 在输入条件规定了取值范围或者值的个数的情况下，可以确立一个有效等价类（在取值范围之内的等价类）和两个无效等价类（有效范围的两侧）。例如，输入值是学生的成绩，范围是 0~100，则有效等价类为 0≤成绩≤100，无效等价类为成绩<0、成绩>100。

② 在输入条件规定了输入值的集合或者规定了"必须如何"的情况下，可确立一个有效等价类和一个无效等价类。

③ 在输入条件是一个布尔量的情况下，可确定一个有效等价类和一个无效等价类。

④ 在规定了输入数据的一组值（假定 n 个），并且程序要对每个输入值分别处理的情况下，可确立 n 个有效等价类和一个无效等价类。例如，输入条件说明学历可为专科、本科、硕士、博士 4 种之一，则分别取这 4 种值作为 4 个有效等价类，把这 4 种学历之外的任何学历作为无效等价类。

⑤ 在规定了输入数据必须遵守的规则的情况下，可确立一个有效等价类（符合规则）和若干个无效等价类（从不同角度违反规则）。

⑥ 在确知已划分的等价类中有元素在程序处理中的方式不同的情况下，则应再将该等价类进一步划分为更小的等价类。

2. 等价类的组合

如果有多个输入条件，并且各个条件之间存在关联，那么仅仅覆盖所有的等价类还不够,还需要考虑等价类之间的组合。组合可分为完全组合和部分组合,如果输入条件比较多,并且等价类也比较多,那么总的完全组合数将非常大,此时可以采用部分组合。

在有多个输入的情形时,根据对等价类的覆盖程度可分为以下两种。

- 弱组合形式:测试用例仅需满足对有效等价类的完全覆盖。
- 强组合形式:测试用例不仅应满足对有效等价类的完全覆盖,而且应覆盖所有的无效等价类组合。

根据是否对无效数据进行检测,可以将等价类测试分为以下两种。

- 一般等价类测试:只考虑有效等价类。
- 健壮等价类测试:考虑有效、无效等价类。

将以上两种情况加以组合,可以得到以下几种等价类测试。

- 弱一般等价类测试。
- 强一般等价类测试。
- 弱健壮等价类测试。
- 强健壮等价类测试。

为了便于理解,这里以有两个输入变量 x 和 y 的程序 P 为例,说明上述 4 种等价类测试。

假设,P 为一个程序,且输入变量 x 和 y 的边界以及边界内的区间如下。

$a \leqslant x \leqslant d$,区间为 $[a,b)$,$[b,c)$,$[c,d]$

$e \leqslant y \leqslant g$,区间为 $[e,f]$,$[f,g]$

其中,方括号和圆括号分别表示闭区间和开区间的端点。因此,变量 x 和 y 的等价类分别如下。

x 的有效等价类:$[a,b]$,$[b,c]$,$[c,d]$。

x 的无效等价类:$(-\infty,a)$,$(d,+\infty)$。

y 的有效等价类:$[e,f]$,$[f,g]$。

y 的无效等价类:$(-\infty,e)$,$(g,+\infty)$。

以上划分可以用图 2-3 表示,其中深色矩形内部为有效输入区,外部为无效输入区。每一个小格子表示一种 x,y 的组合情形。

(1) 弱一般等价类测试

"一般"表示只考虑有效等价类,"弱"表示测试用例只需覆盖两个输入的所有有效等价类即可,无须考虑它们之间的组合情况。因此,最少只需 3 个测试用例即可以满足弱一般等价类测试的要求。如图 2-4 所示,选取(P1,P2,P3)即可,其中 P1 覆盖了 $[a,b)$、$[e,f)$,P2覆盖了 $[b,c)$、$[f,g]$,P3 覆盖了 $[c,d]$、$[e,f)$。当然,选取方式可以有多种。

(2) 强一般等价类测试

"一般"表示只考虑有效等价类,"强"表示测试用例须覆盖两个输入的所有有效等价类的可能组合。x 有 3 个有效等价类,y 有 2 个有效等价类,因此最少需要 6 个测试用例才可以满足强一般等价类测试的要求,如图 2-5 所示。

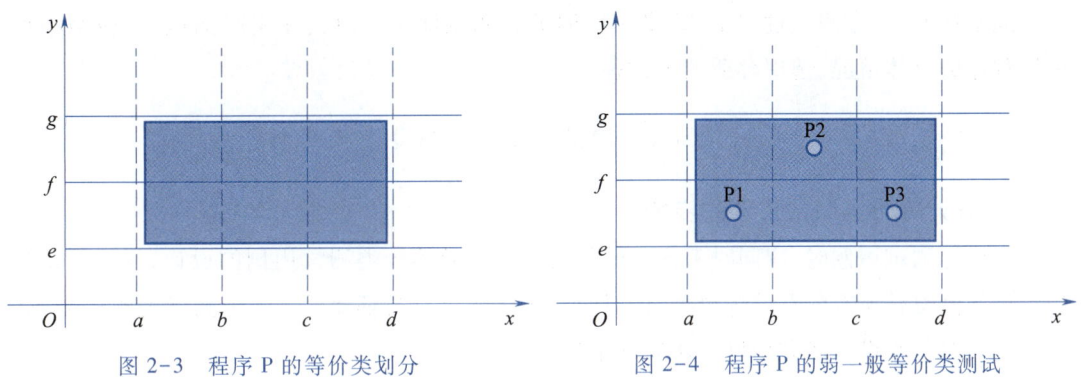

图 2-3　程序 P 的等价类划分　　　　　图 2-4　程序 P 的弱一般等价类测试

（3）弱健壮等价类测试

"健壮"表示不仅考虑有效等价类,还要考虑无效等价类;"弱"表示测试用例只需覆盖两个输入的所有等价类即可,无须考虑它们之间的组合情况。因此,在弱一般等价类测试用例的基础上,增加 4 个针对无效等价类的测试用例就能满足弱健壮等价类测试的要求,如图2-6 所示。

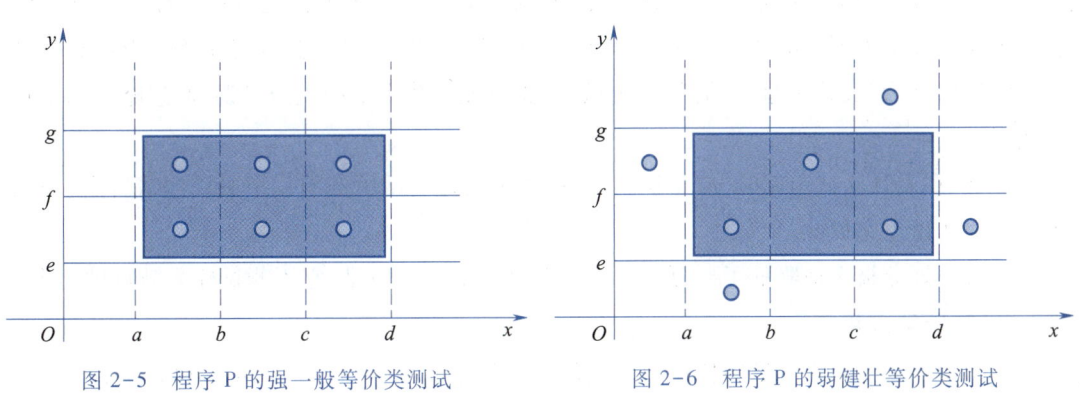

图 2-5　程序 P 的强一般等价类测试　　　　图 2-6　程序 P 的弱健壮等价类测试

（4）强健壮等价类测试

"健壮"表示不仅考虑有效等价类还要考虑无效等价类,"强"表示测试用例需覆盖两个输入的所有等价类的可能组合。x 有 5 个等价类,y 有 4 个等价类,因此最少需要 20 个测试用例可以满足强健壮等价类测试的要求,如图 2-7 所示。

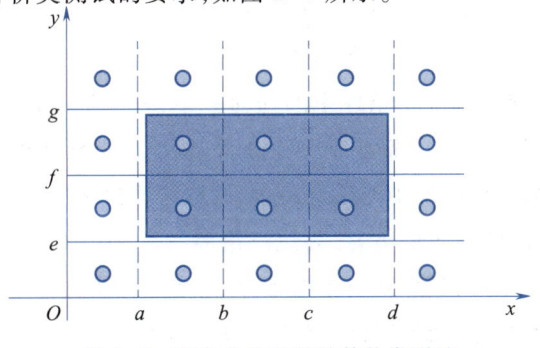

图 2-7　程序 P 的强健壮等价类测试

通常情况下,在测试过程中,只要采用弱健壮测试即可。但是在实际测试中,应当根据待测程序的具体情况,选用合适的测试种类。

微课 2-2
使用等价
类方法设
计测试用
例

活动 2　等价类测试用例设计

1. 设计等价类测试用例的步骤

在设计测试用例时,应同时考虑有效等价类和无效等价类测试用例的设计,尽量用最少的测试用例覆盖所有的有效等价类,但对每一个无效等价类都要设计一个测试用例来覆盖。

使用等价类设计测试用例的步骤如下。

① 划分等价类,形成等价类表,为每一个等价类规定一个唯一编号。

② 设计一个新的测试用例,使它能够尽量覆盖尚未覆盖的有效等价类。重复这个步骤,直到所有有效等价类均被测试用例所覆盖。

③ 设计一个新的测试用例,使它仅覆盖一个尚未覆盖的无效等价类。重复这一步骤,直到所有无效等价类均被测试用例所覆盖。

这里规定每次只覆盖一个无效等价类,是因为若用一个测试用例检测多个无效等价类,那么某些无效等价类可能永远不会被检测到,因为第一个无效等价类测试可能会屏蔽或终止其他无效等价类测试的执行。例如,软件规格说明规定“每类科技参考书 50 ~ 100 册”,若一个测试用例为“文艺书籍 10 册”,在测试中,很可能检测出书的类型错误,而忽略了书的册数错误。

此外,在设计测试用例时,应意识到:预期结果也是测试用例的一个必要组成部分,对无效输入的测试也是如此。

等价类划分极大地降低了要测试的输入条件的数量。但是,它不测试输入条件的组合。

2. 等价类应用实例

三角形问题是软件测试中使用很广泛的一个例子。输入 3 个整数 a、b 和 c 分别作为三角形的 3 条边,通过程序判断这 3 条边的组成情况是等边三角形、等腰三角形、一般三角形,还是不构成三角形。

假定 3 个输入 a、b 和 c 在 1 ~ 100 范围内取值,则三角形问题可以更详细地描述为:输入 3 个整数 a、b 和 c 分别作为三角形的 3 条边,要求 a、b 和 c 必须满足 $1 \leq a \leq 100$,$1 \leq b \leq 100$,$1 \leq c \leq 100$,$a < b + c$,$b < a + c$,$c < a + b$。

程序输出是由这 3 条边构成的三角形类型:等边三角形、等腰三角形、一般三角形或非三角形。如果输入值不满足前 3 个条件中的任何一个,程序将给出相应的提示信息:“请输入 1 ~ 100 的整数”。如果 a、b 和 c 满足前 3 个条件,则输出下列 4 种情况之一。

① 如果不满足后面 3 个条件中的任意一个,则程序输出为“非三角形”;

② 如果 3 条边相等,则程序输出为“等边三角形”;

③ 如果有且仅有两条边相等,则程序输出为“等腰三角形”;

④ 如果 3 条边都不相等,则程序输出为“一般三角形”。

显然这 4 种情况是互斥的。

仔细分析三角形问题,可以得到一个等价类表,如表 2-1 所示,然后根据这个表格来设计覆盖等价类的测试用例。

表 2-1　三角形问题的等价类表

有效等价类	编号	无效等价类	编号
整数	1	一边为非整数	4
		两边为非整数	5
		三边均为非整数	6
3 个数	2	只有一条边	7
		只有两条边	8
		多于三条边	9
$1 \leqslant a \leqslant 100$ $1 \leqslant b \leqslant 100$ $1 \leqslant c \leqslant 100$	3	一边为 0	10
		两边为 0	11
		三边为 0	12
		一边 < 0	13
		两边 < 0	14
		三边 < 0	15
		一边 > 100	16
		两边 > 100	17
		三边 > 100	18

测试用例 Test1 = (3,4,5) 即可覆盖有效等价类 1~3。

覆盖无效等价类的测试用例如表 2-2 所示。

表 2-2　三角形问题的无效等价类测试用例

测试用例	输入 a,b,c	预期输出	覆盖等价类
Test2	1.5,2,3	提示"请输入 1~100 的整数"	4
Test3	1.5,2.5,3	提示"请输入 1~100 的整数"	5
Test4	1.5,2.5,3.5	提示"请输入 1~100 的整数"	6
Test5	3	提示"请输入 3 条边长"	7
Test6	4,5	提示"请输入 3 条边长"	8
Test7	3,4,5,6	提示"请输入 3 条边长"	9
Test8	0,2,2	提示"边长不能为 0"	10
Test9	0,0,2	提示"边长不能为 0"	11

续表

测试用例	输入 a,b,c	预期输出	覆盖等价类
Test10	0,0,0	提示"边长不能为 0"	12
Test11	-1,2,2	提示"边长不能为负数"	13
Test12	-1,-1,2	提示"边长不能为负数"	14
Test13	-1,-1,-1	提示"边长不能为负数"	15
Test14	101,5,6	提示"请输入 1~100 的整数"	16
Test15	101,102,7	提示"请输入 1~100 的整数"	17
Test16	101,102,103	提示"请输入 1~100 的整数"	18

在多数情况下,可以从被测程序的输入域划分等价类,但也可以从被测程序的输出域划分等价类。三角形问题可能有 4 种输出:等边三角形、等腰三角形、一般三角形或非三角形。其输出域等价类可以划分为:

① R1 = {<a,b,c>:边为 a,b,c 的等边三角形}

② R2 = {<a,b,c>:边为 a,b,c 的等腰三角形}

③ R3 = {<a,b,c>:边为 a,b,c 的一般三角形}

④ R4 = {<a,b,c>:边为 a,b,c 的非三角形}

▶ 任务实施

使用等价类方法设计某信息系统注册界面的测试用例。在各种输入条件下,测试程序的注册界面的功能。

其中账号的规则如下:

① 账号长度为 8~12 位(含 8 位和 12 位);

② 账号由字符(a~z、A~Z)和数字(0~9)组成;

③ 不能为空且不能包含空格和特殊字符。

密码的规则如下:

① 密码长度为 6~8 位(含 6 位和 8 位);

② 密码由字符(a~z、A~Z)和数字(0~9)组成;

③ 不能为空且不能包含空格和特殊字符。

注册功能是系统中的常见功能之一,设计等价类的时候,可以从长度、非法字符、类型、空值等方面进行考虑,这里以账号、密码和确认密码为例,将三个条件作为独立的输入条件进行测试用例设计。

1. 划分等价类

等价类表如表 2-3 所示。

表 2-3　某信息系统注册界面等价类

序号	输入条件	有效等价类	编号	无效等价类	编号
1	账号	正确的账号	1	长度小于 8	4
				长度大于 12	5
				包含非法字符	6
				账号为空	7
				账号已经存在	8
2	密码	正确的密码	2	长度小于 6	9
				长度大于 8	10
				包含非法字符	11
				密码为空	12
3	确认密码	与密码一致	3	与密码不一致	13

2. 设计测试用例

测试用例表如表 2-4 所示。

表 2-4　某信息系统注册界面测试用例

用例编号	输入数据			预期输出	覆盖等价类
	账号	密码	确认密码		
001	Cinderellal	1234567	1234567	成功注册	1,2,3
002	Lee	1234567	1234567	账号长度太短	2,3,4
003	Cinderellalen	1234567	1234567	账号长度太长	2,3,5
004	Miechel#	1234567	1234567	账号包含非法字符	2,3,6
005	（无输入）	1234567	1234567	账号不能为空	2,3,7
006	Cinderellal	1234567	1234567	账号已经存在	2,3,8
007	Cinderellal	12345	12345	密码长度太短	1,3,9
008	Cinderellal	123456789	123456789	密码长度太长	1,3,10
009	Cinderellal	123456#	123456#	密码包含非法字符	1,3,11
010	Cinderellal	（无输入）	（无输入）	密码不能为空	1,3,12
011	Cinderellal	123456	1234567	两次密码不一致	1,2,13

▶▶ 任务拓展

什么时候需要用到健壮性等价类测试？

使用等价类划分测试时,应注意以下几点。

① 如果实现的语言是强类型语言(无效值会引起运行时出错),则没有必要使用健壮等价类测试。

② 如果错误输入检查非常重要,则应进行健壮等价类测试。

③ 如果输入数据以离散值区间或集合的形式定义,则使用等价类测试是合适的,当然也适用于变量值越界造成故障的系统。

 任务实训

任务单:使用等价类方法设计测试用例实训任务单

任务名称	使用等价类方法设计测试用例实训				
组　别		成　员		小组成绩	
学生姓名		个人成绩			
实训任务	余额宝提现功能的等价类划分。余额宝的提现有 2 种方式:快速到账(2 小时),每日最高提现额度为 10000 元;普通到账,可提取金额为余额宝最大余额,但到账时间会慢一些。请针对余额宝的提现功能使用等价类方法设计测试用例				
实训目的	1. 准确阐述等价类的概念; 2. 准确描述使用等价类方法设计测试用例的步骤; 3. 正确划分等价类; 4. 正确建立等价类表; 5. 设计测试用例覆盖等价类表中的等价类; 6. 在测试用例设计中具有耐心细致、精益求精、追求卓越的工匠精神和职业素养				
实训要求	1. 做好实训预习,掌握并熟悉本实训中所使用的开发环境及相应的测试软件; 2. 提前熟悉待测试程序的需求规格说明书				
实训标准	1. 正确划分等价类(20%); 2. 正确建立等价类表(20%); 3. 正确设计测试用例覆盖等价类表中的等价类(20%); 4. 耐心细致、精益求精、追求卓越的工匠精神和职业素养(20%); 5. 实训报告(20%)				
实训设备工具					
实训过程步骤					

续表

任务名称	使用等价类方法设计测试用例实训			
组　别		成　员	小组成绩	
学生姓名		个人成绩		
实训 结果				
实训 总结				

 任务 2　边界值测试

▶ 任务描述

本任务通过分析某程序的"日期检查功能"的需求规格说明,分析各输入条件的边界值情况,结合所学等价类思想,设计基于边界值的测试用例,完成对某程序的"日期检查功能"的测试。

大量的软件测试实践表明,故障往往出现在定义域的边界值上,而不是在其内部。如果针对各种边界情况设计测试用例,往往可以发现更多的错误。边界值测试法就是对输入或输出数据的边界值进行测试的一种黑盒测试方法。边界值测试法可以和等价类划分法结合起来使用,在划分等价类的基础之上,选取输入等价类、输出等价类的边界数据来进行测试。边界值测试法与等价类划分法的区别是,边界值测试法不是从等价类中随便挑一个值作为代表,而是把等价类的边界作为测试条件。

▶ 任务工单

任务工单:使用边界值方法设计测试用例

任务名称	使用边界值方法设计测试用例			
组　别		成　员	小组成绩	
学生姓名			个人成绩	
任务 目标	认真分析功能说明书,正确划分等价类,选取合适的边界值,依据边界值设计测试用例			

续表

任务名称			使用边界值方法设计测试用例		
组　　别		成员		小组成绩	
学生姓名				个人成绩	
任务 要求	按照任务目标,首先分析需求规格说明书,明确各功能模块的输入规则;然后划分每个功能模块的有效等价类和无效等价类,建立等价类表,为每一个等价类规定一个唯一编号;分析各等价类中的边界情况,选取边界值设计测试用例,认真仔细完成程序所有边界值测试用例的设计				
知识 梳理					
计划 决策					
任务 实施					
任务 检查					
任务 评估					
思想 提升	《礼记·中庸》中提到"博学之,审问之,慎思之,明辨之,笃行之"。从这句话中应如何理解边界值测试思想? 在今后的工作中该怎么做呢				

▶▶ 任务准备

活动 1　认识边界值方法

1. 边界值测试原理

（1）边界值测试原理

边界值是测试用例的一些特殊情况。对于程序来说,一般情况下,输入/输入范围中间数值的运行都是正确的,大量的错误会出现在范围边界。例如,当进行三角形判断的测试时,要求输入 3 条边长 a、b 和 c,而判断边长的一个条件是 $a+b>c$。但是,如果代码将">"错写成"≥",那么就出现了输出错误。这说明问题恰恰出现在那些容易被忽略的边界上。

边界值分析法的基本思想是在等价类的极端情况下考虑软件测试工作。由此也可以看出,边界值分析其实是与等价类划分密切相关的。

使用边界值分析法设计测试用例时,首先需要确定边界情况。如果程序的边界比较复杂,需要耐心地分析程序的输出边界、输入边界,找出可能产生故障的边界情况。

(2)边界条件

边界条件即输入定义域或输出值域的边界。需要注意的是,边界值不仅可以是数据取值的边界,还可以是数据的个数、文件的个数、记录的条数等。通常情况下,软件测试可能针对的边界有多种类型,如数字、字符、位置、质量、大小、速度、方位、尺寸、空间等。相应地,边界值对应的情况可能是最大/最小、首位/末位、上/下、最快/最慢、最高/最低、最短/最长、空/满等,如下所列。

① 数据取值范围的最大值、最小值。

② 屏幕上光标在左上、右下位置。

③ 报表的第一行、最后一行。

④ 数组元素的第一个、最后一个。

⑤ 循环一次、循环最大次数。

⑥ 数据表中的第一条记录、最后一条记录。

⑦ 字符串的第一个符号、最后一个符号。

除边界端点外,还应考虑略大于和略小于边界端点的情况,如下所示。

① 第一个/最后一个,第一个-1/最后一个+1。

② 开始/结束,开始-1/结束+1。

③ 空的/满的,比空的少点/比满的多些。

④ 最短的/最长的,稍微短点/稍微长点。

⑤ 最慢的/最快的,稍微慢点/稍微快点。

⑥ 最早的/最晚的,稍微早点/稍微晚点。

⑦ 最大的/最小的,最大的+1/最小的-1。

(3)次边界条件

在多数情况下,边界值条件是基于应用程序的功能而设计的,可以从软件的规格说明或常识中得到,也是最终用户很容易发现问题的因素。在测试用例设计的过程中,对于某些不需要呈现给用户,或者用户很难注意到,但确实属于检验范畴内的边界条件,软件测试仍有必要对其进行检查,这样的边界条件称为次边界条件。

寻找次边界条件比较困难,因此虽然不要求软件测试人员成为程序员或者具有阅读源代码的能力,但要求测试人员能大体了解软件的工作方式。

以 ASCII 码表为例,ASCII 码表并不是一个结构良好的连续表,自然数 0~9 对应 ASCII

码表中的 48~57;斜杠字符(/)在数字 0 的前面,而冒号字符(:)在数字 9 的后面;大写字母 A~Z 对应的 ASCII 值是 65~90,小写字母 a~z 对应的 ASCII 值是 97~122。这些情况都属于次边界条件。如果对文本输入或文本转换软件进行测试,在考虑数据区间包含哪些值时,最好参考一下 ASCII 表。例如,如果测试的文本框只接受用户输入字符 A~Z 和 a~z,那么就应该在非法区间中,检测 ASCII 表中位于这些字符前后的值:"@""、""["和"{"。

在实际的测试用例设计中,需要将基本的软件设计要求和程序定义的要求结合起来,即结合基本边界值条件和内部边界值条件来设计有效的测试用例。

2. 边界值分析原则

对边界值设计测试用例,应当遵循以下几条原则。

① 如果输入条件规定了值的范围,则应取刚达到这个范围的边界值以及刚刚超过这个范围边界的值作为测试输入数据。

② 如果输入条件规定了值的个数,则用最大个数、最小个数和比最大个数多 1 个、比最小个数少 1 个的数作为测试数据。

③ 根据程序规格说明的每个输出条件,使用上述第 1 条原则。

④ 根据程序规格说明的每个输出条件,使用上述第 2 条原则。

⑤ 如果程序的规格说明给出的输入域或输出域是有序集合(如有序表、顺序文件等),则应选取集合中的第一个和最后一个元素作为测试用例。

⑥ 如果程序中使用了一个内部数据结构,则应当选择这个内部数据结构的边界值作为测试用例。

⑦ 分析程序规格说明,找出其他可能的边界条件。

活动 2　边界值测试用例设计

微课 2-3
使用边界
值法设计
测试用例

1. 边界值的组合

如果有多个变量,这些变量边界值的组合可分为多种情况。

(1)一般边界值

仅考虑单个变量在有效取值区间上的边界值,包括最小值、略高于最小值、略低于最大值和最大值。如果被测变量个数为 n,则总的边界值有 $4n$ 个。设计测试用例时每次只覆盖一个变量的边界值,其他变量应当用正常值,另外可以增加每个变量均选取正常值的测试用例,这样将边界值和等价类划分相结合,总的测试用例个数为 $4n+1$ 个。

例如,程序 P 有两个输入变量 $x(a \leqslant x \leqslant d)$ 和 $y(e \leqslant y \leqslant g)$,则针对 (x,y) 的一般边界值测试用例形式如下。

$\{<\text{nom}, \text{min}>, <\text{nom}, \text{min}+>, <\text{nom}, \text{nom}>, <\text{nom}, \text{max}>, <\text{nom}, \text{max}->, <\text{min}, \text{nom}>,$ $<\text{min}+, \text{nom}>, <\text{max}, \text{nom}>, <\text{max}-, \text{nom}>\}$

其中,nom 表示正常值,min 表示最小值,max 表示最大值,min+ 表示略高于最小值,max-表示略低于最大值。总的测试用例个数为 $4n+1=4 \times 2+1=9$。

（2）一般最坏情况边界值

将多个变量在有效区间上的边界值的组合情况纳入测试范围,用各个变量的最小值、略高于最小值、正常值、略低于最大值和最大值的完全组合作为测试用例集。如果被测变量个数为 n,则总的测试用例个数为 5^n。

（3）健壮边界值

同时考虑单个变量在有效区间和无效区间上的边界值,除选取最小值、略高于最小值、正常值、略低于最大值和最大值作为边界值外,还要选取略超过最大值及略小于最小值的值。如果被测变量个数为 n,则测试用例个数为 $6n+1$。

（4）健壮最坏情况边界值

同时考虑多个变量在有效区间和无效区间上的边界值的组合情况,用各个变量的略低于最小值、最小值、略高于最小值、正常值、略低于最大值、最大值和略高于最大值这些边界值进行完全组合。如果被测变量个数为 n,则测试用例个数为 7^n。

输入变量的取值范围分别为:x 取值范围为 $[a,d]$,y 取值范围为 $[e,g]$,则其一般边界值有 9 组,如图 2-8 所示。一般最坏情况边界值有 25 组,如图 2-9 所示。

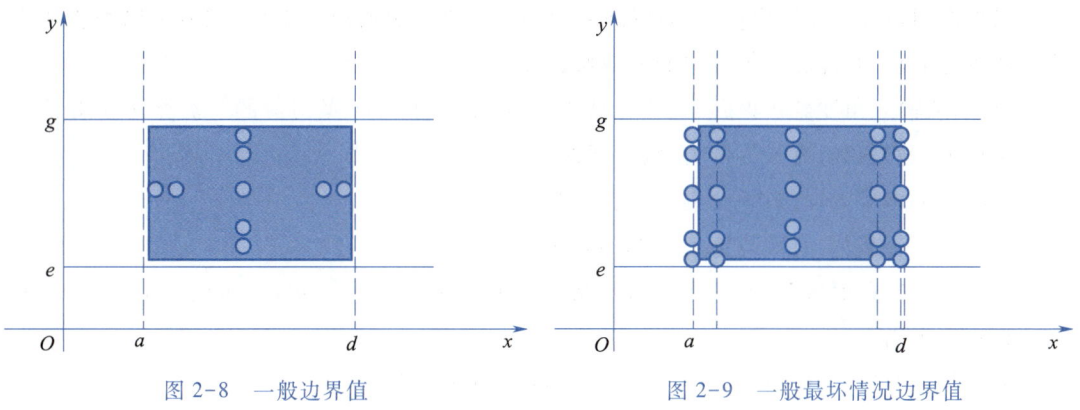

图 2-8　一般边界值　　　　　　　　　　图 2-9　一般最坏情况边界值

健壮边界值有 13 组,如图 2-10 所示。

健壮最坏情况边界值有 49 组,如图 2-11 所示。

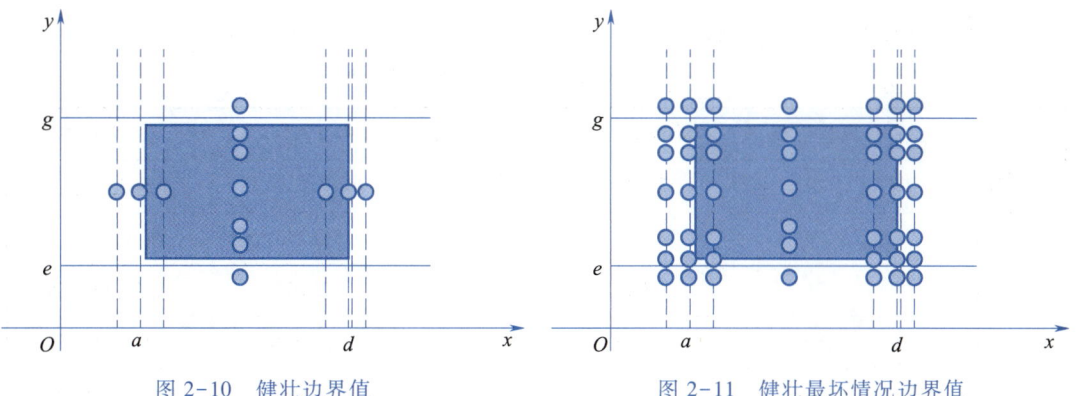

图 2-10　健壮边界值　　　　　　　　　　图 2-11　健壮最坏情况边界值

多变量同时取边界值看上去测试更彻底更完善,但花费的代价确实不小。例如,当 $n=3$ 时,实现健壮边界值覆盖的测试用例个数为 $6n+1=6×3+1=19$,而实现健壮最坏情况边界值覆盖的测试用例个数为 $7^n=7^3=343$,后者约为前者的 18 倍。当各个变量之间相对独立时,仅考虑一般边界值即可。这样既可以达到应有的测试效果,又可以节约大量的测试成本。

2. 边界值应用实例

某品牌牛奶销售公司指派销售员销售各种牛奶,其中瓶装高端牛奶 15/瓶,罐装普通牛奶 5 元/罐,袋装普通牛奶 2.5 元/袋。对于每个销售员,瓶装牛奶每月的最高供应量为 5 000 瓶,罐装牛奶为 15 000 罐,袋装牛奶为 30 000 袋,各销售员每月至少需售出瓶装牛奶 50 瓶,罐装牛奶 150 罐,袋装牛奶 300 袋。每到月末时,各销售员向牛奶销售公司上报他所在区域的销售业绩,以供牛奶销售公司根据其销售额计算该销售员的佣金(提成),并作为奖金发放,计算方法如下。

- 1 万元(含)以下,4%;
- 1 万元(不含)到 3 万元(含),3%;
- 3 万元(不含)以上,1%。

最终由佣金计算系统生成月销售报告,对当月总共售出的瓶装牛奶、罐装牛奶和袋装牛奶总数进行汇总,并计算销售公司的总销售额和各销售员的佣金。

首先,从输入角度分析该问题。该问题的输入变量有 3 个,其对应的等价类划分如下。

- 瓶装牛奶瓶数,有效等价类 $[50,5000]$。
- 罐装牛奶罐数,有效等价类 $[150,15000]$。
- 袋装牛奶袋数,有效等价类 $[300,30000]$。

按照边界值取值方法,对每个输入变量分别取 7 个值:$\min-$、$\min$、$\min+$、nom、$\max-$、$\max$ 和 $\max+$,具体如下。

- 瓶装牛奶瓶数,取值 $\{49,50,51,2500,4999,5000,5001\}$。
- 罐装牛奶罐数,取值 $\{149,150,151,7500,14999,15000,15001\}$。
- 袋装牛奶袋数,取值 $\{299,300,301,15000,29999,30000,30001\}$。

根据使用边界值组合测试用例的规则,保留其中一个变量,让其余变量取正常值,共可以得到 $6×3+1=19$ 个测试用例,见表 2-5。

表 2-5　佣金问题输入边界值测试用例

测试用例	瓶装牛奶	罐装牛奶	袋装牛奶	销售额	预期输出
Test1	49	7500	15000	75735	输入非法
Test2	50	7500	15000	75750	佣金:757.5
Test3	51	7500	15000	75765	佣金:757.65
Test4	2500	7500	15000	112500	佣金:1125
Test5	4999	7500	15000	149985	佣金:1499.85

续表

测试用例	瓶装牛奶	罐装牛奶	袋装牛奶	销售额	预期输出
Test6	5000	7500	15000	150000	佣金:1500
Test7	5001	7500	15000	150015	输入非法
Test8	2500	149	15000	75745	输入非法
Test9	2500	150	15000	75750	佣金:757.5
Test10	2500	151	15000	75755	佣金:757.55
Test11	2500	14999	15000	149995	佣金:1499.95
Test12	2500	15000	15000	150000	佣金:1500
Test13	2500	15001	15000	150005	输入非法
Test14	2500	7500	299	75747.5	输入非法
Test15	2500	7500	300	75750	佣金:757.5
Test16	2500	7500	301	75752.5	佣金:757.525
Test17	2500	7500	29999	149997.5	佣金:1499.975
Test18	2500	7500	30000	150000	佣金:1500
Test19	2500	7500	30001	150002.5	输入非法

通过以上测试用例可以发现,Test1、Test7、Test8、Test13、Test14 和 Test19 分别验证了程序的健壮性。但是其余测试用例中,销售额都大于 3 万,测试用例存在冗余。测试用例没有对小于 3 万的销售额进行验证,因此测试存在遗漏。

这时应当从输出角度对该程序进行测试。因为销售员每月至少需售出高端罐装牛奶 50 瓶,罐装牛奶 150 罐,袋装牛奶 300 袋,此时销售额为 0.225 万元;每月最多可售出高端罐装牛奶 5000 瓶,罐装牛奶 15000 罐,袋装牛奶 30000 袋,此时销售额为 22.5 万元。销售额等价类划分为:[0.225,1]、(1,3]、(3,22.5]。

对此等价类分别取边界值如下。

{略小于 0.225,0.225,略大于 0.225,0.6,略小于 1,1,略大于 1,2.5,略小于 3,3,略大于 3,12.75,略小于 22.5,22.5,略大于 22.5}

测试用例见表 2-6。

表 2-6　佣金问题输出边界值测试用例

测试用例	瓶装牛奶/瓶	罐装牛奶/罐	袋装牛奶/袋	销售额/元	预期输出
Test1	50	150	299	2247.5	输入非法
Test2	50	150	300	2250	佣金:90
Test3	50	150	301	2252.5	佣金:90.1

续表

测试用例	瓶装牛奶/瓶	罐装牛奶/罐	袋装牛奶/袋	销售额/元	预期输出
Test4	50	150	1800	6000	佣金:240
Test5	100	300	2799	9997.5	佣金:399.9
Test6	100	300	2800	10000	佣金:400
Test7	100	300	2801	10002.5	佣金:300.075
Test8	200	400	8000	25000	佣金:750
Test9	600	2000	4398	29995	佣金:899.85
Test10	600	2000	4400	30000	佣金:900
Test11	600	2000	4401	30002.5	佣金:300.025
Test12	2500	7500	21000	127500	佣金:1275
Test13	5000	15000	29999	224997.5	佣金:2249.975
Test14	5000	15000	30000	225000	佣金:2250
Test15	5000	15000	30001	225002.5	输入非法

▶▶ 任务实施

某程序具有如下功能:文本框要求输入日期信息,日期限定在 1990 年 1 月—2049 年 12 月,并规定日期由 6 位数字字符组成,前 4 位表示年,后 2 位表示月,程序需对输入日期的有效性进行校验。用等价类划分方法和边界值分析法为该程序的"日期检查功能"设计测试用例。

程序需求规格说明要求输入 6 个数字字符 yyyynn。参照等价类划分法,可以划分为一个有效等价类和三个无效等价类,如表 2-7 所示。

表 2-7　某程序等价类

输入等价类	有效等价类	编号	无效等价类	编号
日期的类型 和长度	输入 6 个 数字字符	1	输入 6 个字符,存在非数字的情况	2
			输入少于 6 个数字字符	3
			输入多于 6 个数字字符	4
年份范围	1990~2049	5	小于 1990	6
			大于 2049	7
月份范围	0~12	8	小于 01	9
			大于 12	10

按照边界值取值方法,可以取以下边界值情况:

月份：{00、01、02、06、11、12、13}

年份：{1989、1990、1991、2020、2048、2049、2050}

设计测试用例如表 2-8 所示。

表 2-8　某程序边界值测试用例

序号	测试输入	预期输出
1	1989.06	提示"请输入正确日期"
2	1990.06	提示"日期正确"
3	1991.06	提示"日期正确"
4	2020.06	提示"日期正确"
5	2048.06	提示"日期正确"
6	2049.06	提示"日期正确"
7	2050.06	提示"请输入正确日期"
8	2020.00	提示"请输入正确日期"
9	2020.01	提示"日期正确"
10	2020.11	提示"日期正确"
11	2020.12	提示"日期正确"
12	2020.13	提示"请输入正确日期"

 任务拓展

当被测程序含有多个独立变量，且这些变量又受物理量的制约时，使用边界值测试方法比较合适，其关键就在"独立"和"物理量"。边界值测试用例使用物理量的边界导出变量极值，不考虑函数的性质，也不考虑变量的语法含义。即便如此，边界值测试也能捕获到一些月末和年末的缺陷。因此，边界值测试用例可以作为初步测试用例，这些测试用例的设计基本上不需要理解和想象。

边界值测试不适用于逻辑变量和布尔型变量。例如，作为逻辑（相对于物理）变量的一个例子，很难想象输入 0000、00001、5000、9998 和 9999 这样的数字或电话号码会发现什么故障。尽管边界值测试很有用，但在实际运用中，并不如预想的那样令人满意。

边界值测试具有简便易行、生成测试数据的成本很低等优点，但也有测试用例不充分、不能发现测试变量之间的依赖关系、不考虑数据含义和性质等局限性，因此只能作为初步测试用例使用。

▶▶ 任务实训

任务单:使用边界值方法设计测试用例实训任务单

任务名称	使用边界值方法设计测试用例实训				
组　别		成　员		小组成绩	
学生姓名		个人成绩			
实训 任务	假设有一个把数字串转换为整数的函数。其中,数字串要求长度为 6 个字符(1 位符号位,1~5 个数字),机器字长为 16 位。分析程序中出现的边界情况,采用边界值法为该程序设计测试用例				
实训 目的	1. 准确阐释边界值思想; 2. 准确找到边界条件和次边界条件; 3. 正确使用边界值方法设计测试用例; 4. 在测试用例设计中培养耐心细致、精益求精、追求卓越的工匠精神和职业素养				
实训 要求	1. 做好实训预习,掌握并熟悉本实训中所使用的开发环境及相应的测试软件; 2. 提前熟悉待测程序的需求规格说明				
实训 标准	1. 划分被测程序的等价类(20%); 2. 列出被测程序边界条件和次边界条件(20%); 3. 设计边界值测试用例测试被测程序(20%) 4. 耐心细致、精益求精、追求卓越的工匠精神和职业素养(20%); 5. 实训报告(20%)				
实训 设备 工具					
实训 过程 步骤					
实训 结果					
实训 总结					

任务 3　判定表测试

 任务描述

本任务通过分析打印机的打印功能的需求规格说明,列出所有的条件和动作,确定规则的个数,填入条件项和动作项并简化判定表,设计测试用例,完成对打印机打印功能的判定表测试。

等价类划分法和边界值测试法都没有考虑输入条件的各种组合。虽然各种输入条件可能出错的情况已经测试到了,但多个输入条件组合起来可能出错的情况却被忽视了。判定表测试法重点针对输入条件的各种组合情况进行测试。

任务工单

任务工单:使用判定表方法设计测试用例

任务名称	使用判定表方法设计测试用例				
组　　别		成员		小组成绩	
学生姓名				个人成绩	
任务目标	使用判定表方法对打印机的打印功能进行分析,针对打印功能的输入条件设计判定表测试用例				
任务要求	按照任务目标,分析需求规格说明书,列出程序中的所有条件和动作,明确规则的个数,填入条件项和动作项,简化判定表,依据判定表设计测试用例,规范严谨地完成程序所有判定表测试用例的设计				
知识梳理					
计划决策					
任务实施					

续表

任务名称	使用判定表方法设计测试用例				
组　　别		成员		小组成绩	
学生姓名				个人成绩	
任务检查					
任务评估					
思想提升	《荀子·大略》中有云："善学者尽其理,善行者究其难。"这句话是指在学习时要深入思考、理解透彻,做到知其然,更知其所以然;在实践中也要不断思考、琢磨,才能找到难题的突破口。在使用判定表方法设计测试用例的时候该如何做呢				

 任务准备

活动 1　认识判定表

1. 判定表的构成

在一些数据处理问题中,某些操作的实施依赖于多个逻辑条件的组合,针对不同逻辑条件的组合值,分别执行不同的操作,判定表很适合处理这类问题。判定表也叫决策表,是一种逻辑分析和表达工具,用于分析和表达多个输入条件在不同的取值组合下,会分别执行哪些不同的操作。

例如,有一张名为"阅读指南"的判定表(见表 2-9),它对读者提出三个问题,若读者的回答是肯定的(判定取真值),标以字母"Y";若回答是否定的(判定取假值),标以字母"N"。3 个判定条件共有 8 种取值情况。表 2-9 还为读者提供了 4 条建议,要实施的建议在相应栏内标以"√",其他建议栏内什么也不标。例如,表中的第 3 种情况,当读者已经疲倦,对内容又不感兴趣,并且还没读懂时,建议读者去休息。

在程序设计发展的初期,判定表就已被作为编写程序的辅助工具,它可把复杂的逻辑关系和多种条件组合的情况表达得较明确。

表 2-9　阅 读 指 南

问题与建议		1	2	3	4	5	6	7	8
问题	C1:是否疲倦	Y	Y	Y	Y	N	N	N	N
	C2:是否对内容感兴趣	Y	Y	N	N	Y	Y	N	N
	C3:是否感到糊涂	Y	N	Y	N	Y	N	Y	N

续表

问题与建议		1	2	3	4	5	6	7	8
建议	A1:回到本章开头重读					√			
	A2:继续读下去						√		
	A3:跳到下一章去读							√	√
	A4:停止阅读并休息	√	√	√	√				

判定表的组成如图 2-12 所示。

- 条件桩:列出了问题的所有条件,除了某些问题对条件的先后次序有特定的要求外,通常在这里列出的条件其先后次序无关紧要,可以任意调换。
- 条件项:针对条件桩给出的条件列出所有可能的取值。
- 动作桩:给出了问题规定的可能采取的操作,这些操作的排列顺序一般没有什么约束,但为了便于阅读也可令其按适当的顺序排列。
- 动作项:和条件项紧密相关,指出在条件项的各组取值情况下应采取的动作。

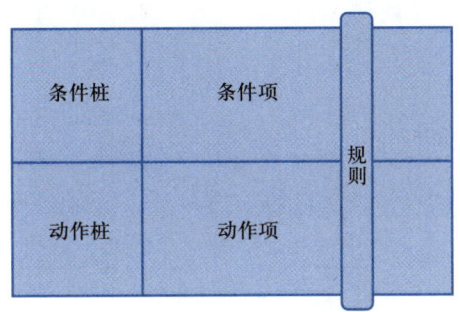

图 2-12　判定表的组成

在表 2-14 中,如果 C1、C2 和 C3 都为真,则采取动作 A4。如果 C1 为假,而 C2 和 C3 都为真,则采取动作 A1。把任何一个条件组合的特定取值及相应要执行的动作称为一条规则,在判定表中贯穿条件项和动作项的一列就是一条规则。显然,判定表中列出多少组条件取值,就有多少条规则。根据判定表设计测试用例就不会出现遗漏。

2. 判定表的化简

实际使用判定表时,常常先将它简化,简化是以合并相似规则为目标的。若表中有两条或多条规则具有相同的动作,并且在条件项之间存在着极为相似的关系,便可以设法将其合并。例如,在表 2-14 中第 1、2 条规则的动作项一致,条件项中前两个条件取值一致,只是第 3 个条件取值不同,第 7、8 条规则也是如此。这一情况表明,前两个条件均取真值或假值时,无论第 3 个条件取什么值,都要执行同一操作,即要执行的动作与第 3 个条件的取值无关,于是便将这两个规则合并,合并后的第 3 个条件项用符号"−"表示与取值无关,如图 2-13 所示。以此类推,具有相同动作的规则还可以进一步合并,如图 2-14 所示。

将规则进行合并,可以相应地减少测试用例的数量,这样可以大大降低软件测试的工作

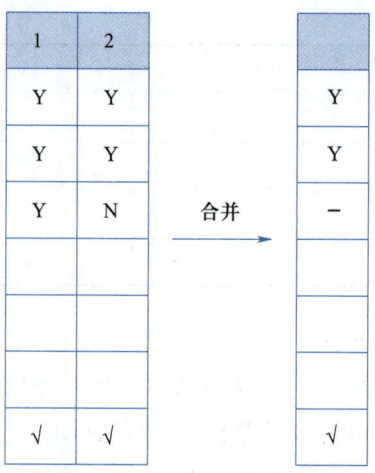

图 2-13　合并规则 1 和规则 2

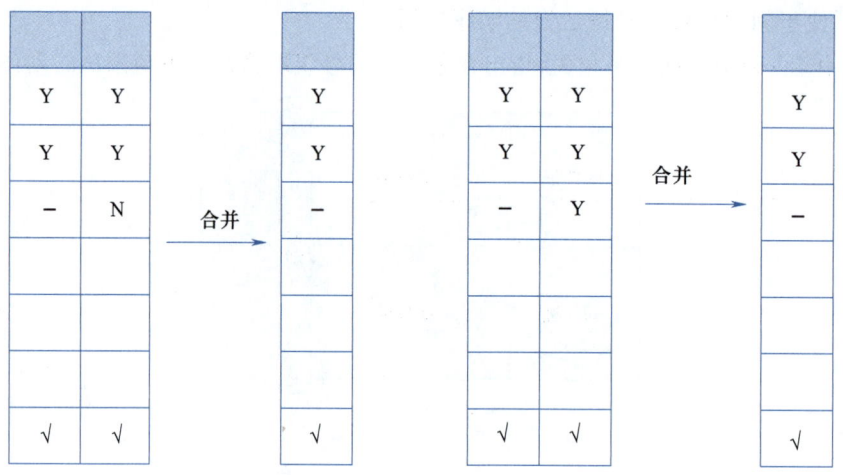

图 2-14　进一步合并规则

量。图书阅读指南判定表最初有 8 条规则,进行合并之后,只剩下 5 条规则,简化后的图书阅读指南判定表如表 2-10 所示。

表 2-10　简化后的阅读指南判定表

问题与建议		1	2	3	4	5
问题	C1:是否疲倦	Y	Y	N	N	N
	C2:是否对内容感兴趣	Y	N	N	Y	Y
	C3:是否感到糊涂	–	–	–	Y	N
建议	A1:回到本章开头重读				√	
	A2:继续读下去					√
	A3:跳到下一章去读			√		
	A4:停止阅读并休息	√	√			

相比于表 2-9，表 2-10 简洁了很多，在测试时只需要设计 5 个测试用例即可覆盖所有的情况。

活动 2　判定表测试用例设计

1. 判定表测试方法

根据软件规格说明，构造判定表的步骤如下。

① 列出所有的条件桩和动作桩。

② 分析输入域，对输入域进行等价类划分。

③ 分析输出域，对输出进行细化，以指导具体的输出动作。

④ 确定规则的个数，假如有 n 个条件，每个条件有两个取值(0,1)，则有 2^n 种规则。

⑤ 填入条件项。

⑥ 填入动作项，得到初始判定表。

⑦ 简化，合并相似规则(相同动作)。

微课 2-4
使用判定
表方法设
计测试用
例

2. 判定表应用实例

某公司的薪资管理制度如下：员工工资分为年薪制与月薪制两种，员工的错误包括普通错误与严重错误两种，如果是年薪制的员工，犯普通错误扣款 2%，犯严重错误扣款 4%；如果是月薪制的员工，犯普通错误扣款 4%，犯严重错误扣款 8%。该公司编写了一款软件用于计算员工工资，现在要对该软件进行测试。

对公司员工工资管理制度进行分析，可得出员工工资由 4 个因素决定：年薪、月薪、普通错误、严重错误，其中年薪与月薪不可能并存，但普通错误与严重错误可以并存。而员工最终扣款结果有 7 种：未扣款、扣款 2%、年薪制扣款 4%、扣款 6%(2%+4%)、月薪制扣款 4%、扣款 8%、扣款 12%(4%+8%)，由此总结出该软件测试的原因与结果，如表 2-11 所示。

表 2-11　员工工资原因与结果表

原因与结果	选项	编号
原因	年薪	c_1
	月薪	c_2
	普通错误	c_3
	严重错误	c_4
结果	未扣款	e_1
	扣款 2%	e_2
	年薪制扣款 4%	e_3
	扣款 6%	e_4
	月薪制扣款 4%	e_5
	扣款 8%	e_6
	扣款 12%	e_7

在表 2-11 中,有 4 个原因,假设每个原因有"Y"和"N"两个取值,理论上可以组成 $2^4 = 16$ 种规则,但是年薪与月薪不能同时并存,因此有 $2^3 = 8$ 种规则,如表 2-12 所示。

表 2-12　员工工资判定表

规则		1	2	3	4	5	6	7	8
原因	c_1	Y	Y	Y	Y				
	c_2					Y	Y	Y	Y
	c_3	N	Y	N	Y	N	Y	N	Y
	c_4	N	N	Y	Y	N	N	Y	Y
结果	e_1	√				√			
	e_2		√						
	e_3			√					
	e_4				√				
	e_5						√		
	e_6							√	
	e_7								√

分析该员工工资判定表,并没有可以合并的规则,因此在测试时需要设计 8 个测试用例,如表 2-13 所示。

表 2-13　员工工资测试用例

测试用例	薪资制度	薪资/元	错误程度	扣款/元
Test1	年薪制	200000	无	0
Test2		250000	普通	5000
Test3		300000	严重	12000
Test4		350000	普通+严重	21000
Test5	月薪制	8000	无	0
Test6		10000	普通	400
Test7		15000	严重	1200
Test8		8000	普通+严重	960

▶ **任务实施**

使用判定表方法对打印机的打印功能设计测试用例。打印机能否打印出正确的内容取决于多个影响因素,包括驱动程序、纸张、磨粉等。

第 1 步,列出所有的条件和动作。

条件桩如下。

① 驱动程序是否正确?

② 是否有纸张?

③ 是否有墨粉?

动作桩:这里动作桩主要有两种,即打印正确内容和各类错误提示。假定打印机优先警告没有纸张,然后警告没有墨粉,最后警告驱动程序不对。动作桩如下。

① 打印内容。

② 提示没有纸张。

③ 提示没有墨粉。

④ 提示驱动程序不对。

第 2 步,确定规则的个数。假如有 n 个条件,每个条件有两个取值$(0,1)$,故有 2^n 种规则。本案例中条件共有 3 个,规则的个数为 $2^3 = 8$ 个。

第 3 步,填入条件项。

第 4 步,填入动作项。填完后形成的判定表见表 2-14。

表 2-14　打印机问题的判定表

	选项	1	2	3	4	5	6	7	8
条件	驱动程序是否正确	Y	Y	Y	Y	N	N	N	N
	是否有纸张	Y	Y	N	N	Y	Y	N	N
	是否有墨粉	Y	N	Y	N	Y	N	Y	N
动作	打印内容	√							
	提示没有纸张			√	√			√	√
	提示没有墨粉		√				√		
	提示没有驱动程序					√			

第 5 步,简化判定表,简化后的判定表如表 2-15 所示。

表 2-15　打印机问题简化后的判定表

	选项	1	2	3	4
条件	驱动程序是否正确	Y	–	N	–
	是否有纸张	Y	Y	Y	N
	是否有墨粉	Y	N	Y	–
动作	打印内容	√			
	提示没有纸张				√
	提示没有墨粉		√		
	提示没有驱动程序			√	

第 6 步,依据判定表设计测试用例,如表 2-16 所示。

表 2-16 打印机问题的测试用例

测试用例	打印机情况	预期输出
Test1	驱动程序正确、有纸张、有墨粉	打印内容
Test2	驱动程序正确、有纸张、无墨粉	提示没有墨粉
Test3	驱动程序不正确、有纸张、有墨粉	提示没有驱动程序
Test4	驱动程序正确、无纸张、无墨粉	提示没有纸张

▶ 任务拓展

判定表是一种简洁明了的多条件逻辑分析和表达的工具,当然,也不是任何时候都适合使用判定表方法来设计测试用例,适合使用判定表方法的情况如下。

① 程序规格说明以判定表形式给出,或很容易转换成判定表。

② 条件的排列顺序不会影响执行哪些操作。

③ 规则的排列顺序不会影响执行哪些操作。

④ 每当某一规则的条件已经满足,并确定了要执行的操作后,不必检验别的规则。

⑤ 如果某一规则得到满足后要执行多个操作,这些操作的执行顺序无关紧要。

给出这些情况的目的是说明操作的执行应完全依赖于条件的组合。其实对于某些不满足上述情况的问题,同样可以用判定表来设计测试用例,只不过需要增加一些其他测试用例。

判定规模较大,有 n 个条件的有限条目判定表(每个条件取真或假值)有 2^n 个规则,数量有时过于庞大。现在已有多种方法可以解决这个问题,如扩展条目判定表(条件使用等价类)、代数简化表、将大表“分解”为小表等方法。

迭代的方法对于改进判定表比较有效。第一次识别的条件桩或动作桩可能不那么令人满意,可以把第一次得到的结果作为铺路石,逐渐改进,直到得到满意的判定表为止。

▶ 任务实训

任务单:使用判定表方法设计测试用例实训任务单

任务名称	使用判定表方法设计测试用例实训			
组 别		成 员		小组成绩	
学生姓名		个人成绩			
实训任务	维修机器的问题描述为:对于功率大于 36.75 kW 且维修记录不全或已经运行 10 年以上的机器,应优先给予维修处理。请使用判定表法设计相关的测试用例			

续表

任务名称	使用判定表方法设计测试用例实训				
组　　别		成　员		小组成绩	
学生姓名		个人成绩			
实训 目的	1. 准确阐释判定表方法； 2. 正确列出所有条件和动作； 3. 正确建立初始判定表； 4. 正确简化判定表，并设计测试用例； 5. 在测试用例设计中培养耐心细致、精益求精、追求卓越的工匠精神和职业素养				
实训 要求	1. 做好实训预习，掌握并熟悉本实训中所使用的开发环境及相应的测试软件； 2. 提前熟悉需要测试的案例的需求规格说明				
实训 标准	1. 列出所有的条件桩和动作桩（20%）； 2. 确定规则的个数，得到初始判定表（20%）； 3. 简化判定表并设计测试用例（20%）； 4. 耐心细致、精益求精、追求卓越的工匠精神和职业素养（20%）； 5. 实训报告（20%）				
实训 设备 工具					
实训 过程 步骤					
实训 结果					
实训 总结					

任务 4　因果图测试

任务描述

本任务介绍因果图的相关概念,通过中国象棋中的"走马"问题,介绍如何使用因果图方法设计测试用例,包括因果图的 4 种符号和 5 种约束,以及使用因果图设计测试用例的步骤。

如果在测试时必须考虑输入条件的各种组合,则可能的组合数目将是天文数字,因此必须考虑采用一种适合描述多种条件的组合、相应产生多个动作的形式来进行测试用例的设计,这就需要利用因果图(逻辑模型)。

任务工单

任务工单:使用因果图方法设计测试用例

任务名称	使用因果图方法设计测试用例				
组　　别		成员		小组成绩	
学生姓名				个人成绩	
任务目标	使用因果图方法对中国象棋中的"走马"问题进行分析,针对问题的实际情况使用因果图方法测试用例				
任务要求	按照任务目标,首先分析需求规格说明书,列出案例中的所有原因和结果,明确原因和结果的对应关系,画出因果图,将因果图转化为判定表,依据判定表设计测试用例,完成程序所有因果图测试用例的设计				
资讯(知识梳理)					
计划决策					
任务实施					

续表

任务名称	使用判定表方法设计测试用例			
组 别		成员	小组成绩	
学生姓名			个人成绩	
任务检查				
任务评估				
思想提升	苏洵《上文丞相书》有云:"君子慎始而无后忧。"无论是学习工作还是修身处世,开好头、起好步就为后面奠定了基础。在使用因果图方法设计测试用例中,应该怎么做呢			

任务准备

活动 1 认识因果图

因果图法是一种利用图解法分析输入的各种组合情况的测试方法,它考虑了输入条件的各种组合及输入条件之间的相互制约关系,并考虑输出情况。例如,某一软件要求输入地址,具体到市区,如"北京→朝阳区""上海→闵行区",其中第 2 个输入受到第 1 个输入的约束,输入的地区只能在输入的城市中选择,否则地址就是无效的。像这样多个输入之间有相互制约关系,就无法使用等价类划分法和边界值法设计测试用例。因果图法就是为了解决多个输入之间的制约关系而产生的测试用例设计方法。

因果图中使用一些简单的逻辑符号:用直线来连接左右节点。其中左节点表示输入状态,即因果图的原因;右节点表示输出状态,即因果图的结果。因果图中的 4 种符号分别表示规格说明中的 4 种因果关系。其中,c_i 表示原因,通常位于图左;e_i 表示结果,通常位于图右。c_i 与 e_i 可以取值 0 或 1,0 表示状态不出现,1 表示状态出现。

(1)关系

4 种因果关系(如图 2-15 所示)说明如下。

① 恒等:若原因出现,则结果出现;若原因不出现,则结果也不出现。若 c_1 为 1,则 e_1 也为 1。

② 非(~):若原因出现,则结果不出现;若原因不出现,则结果出现。若 c_1 为 1,则 e_1 为 0。

③ 或(∨):若几个原因中有一个出现,则结果出现;若几个原因都不出现,则结果不出现。c_1 或 c_2 或 c_3 为 1,则 e_1 为 1;否则 e_1 为 0。或关系可以有任意数量的输入。

④ 与(∧):若几个原因都出现,结果才出现;若其中有一个原因不出现,则结果不出现。若 c_1 和 c_2 都为 1,则 e_1 为 1;否则 e_1 为 0。与可以有任意数量的输入。

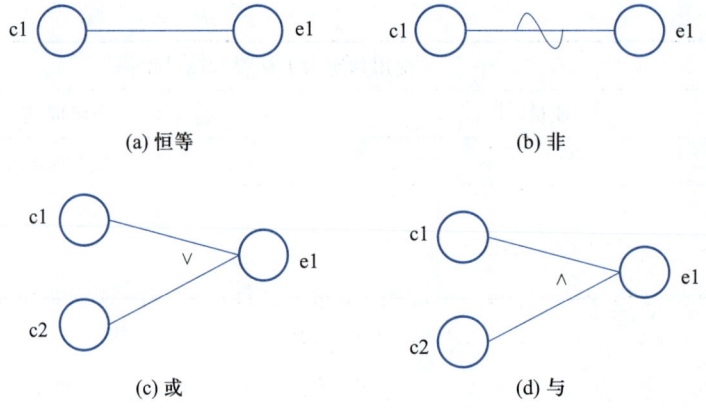

图 2-15　4 种因果关系

（2）约束

各个输入条件之间还可能存在约束关系。例如，某些输入条件不可能同时出现，某一种输入可能影响其他输入。例如，某一软件用于统计体检信息，在输入个人信息时，性别只能输入男或女，这两种输入不能同时存在；而且如果输入性别为女，那么体检项也会有所不同。输出状态之间也往往存在约束。在因果图中，用特定的符号标明这些约束。

输入条件的约束有以下 4 类。

① E 约束（互斥）：表示输入条件不同时为 1，即 a、b、c 中至多只有一个 1；

② I 约束（包含）：表示至少有一个为 1，即 a、b、c 中不同时为 0；

③ O 约束（唯一）：表示 a、b、c 中有且仅有一个 1；

④ R 约束（要求）：表示若 a=1，则 b 必须为 1。即不可能存在 a=1 且 b=0 的情况。

上面这 4 类都是关于输入条件的约束。除了输入条件，输出结果也会相互约束。在因果图中输出的约束只有 M 约束（屏蔽）：若结果 a 是 1，则结果 b 强制为 0。

5 类约束如图 2-16 所示。

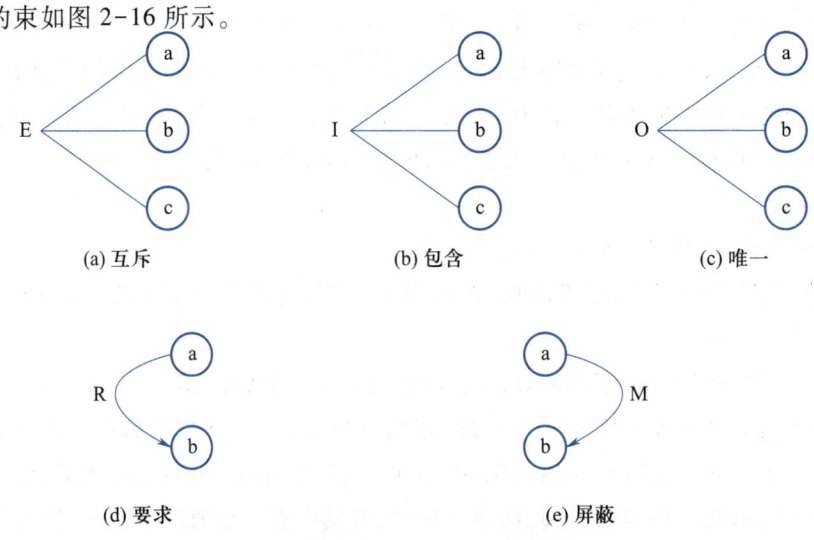

图 2-16　5 类约束

对于规模比较大的程序来说,由于输入条件的组合数太大,所以很难整体上使用一个因果图,此时可以把它划分为若干部分,然后分别对每个部分画出因果图。

活动 2　因果图测试用例设计

1. 因果图设计测试用例的步骤

使用因果图法设计测试用例的步骤如下。

(1)分析软件规格说明中,哪些是原因,即输入条件或输入条件的等价类;哪些是结果,即操作和输出。给每个原因和结果赋予一个标识符。

需要注意的是原因和结果都需要原子化,例如"职称是工程师的男职工基本工资加100,奖金加50"这一软件规格说明中,原因有两个,即职称 = 工程师,性别 = 男;结果也是两个,即基本工资 = 基本工资+100,奖金 = 奖金+50。

(2)分析软件规格说明中的语义,找出原因与结果之间、原因与原因之间的关系,并根据这些关系,画出因果图。

(3)标明约束条件。由于某种限制,有些原因与原因之间、原因与结果之间的组合情况不可能出现,为表明这些特殊情况,应在因果图上使用标准的符号来标记约束条件。

(4)把因果图转换为判定表。

(5)根据判定表设计测试用例。

因果图法考虑了输入情况的各种组合以及各种输入情况之间的相互制约关系,可以帮助测试人员按照一定的步骤高效率地开发测试用例。此外,因果图是由自然语言规格说明转化成形式语言规格说明的一种严格方法,它能够发现规格说明书中存在的不完整性和二义性,帮助开发人员完善产品的规格说明。

2. 因果图应用实例

某软件规格说明要求:第 1 个字符必须是"#"或"＊",第 2 个字符必须是一个数字,在此情况下进行文件的修改。如果第 1 个字符不是"#"或"＊",则给出信息 N;如果第 2 个字符不是数字,则给出信息 M。

(1)对程序设计要求进行分析,分别给出原因和结果,并对每一个原因对应的结果赋予标识。

原因如下。

· c1:第 1 个字符是"#"

· c2:第 1 个字符是"＊"

· c3:第 2 个字符是一个数字

结果如下。

· e1:给出信息 N

· e2:修改文件

· e3:给出信息 M

微课 2-5 使用因果图方法设计测试用例

（2）找出原因与原因之间、原因与结果之间的对应关系,将其表示成连接各个原因与各个结果之间的"因果图"。

将得出的原因和结果进行连接,可以得到程序的因果图,如图 2-17 所示。其中编号为 10 的中间节点是导出结果的进一步原因。绘制过程中,发现原因 c1 与 c2 不可能同时为 1,即第 1 个字符不可能既是"#"又是"＊",所以在因果图上加上 E 约束。

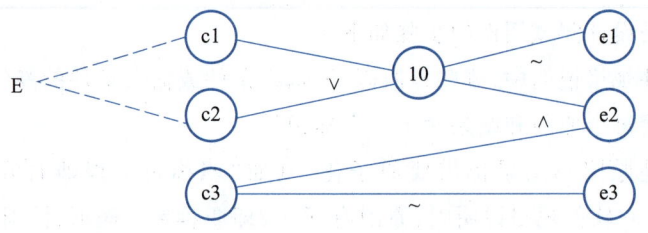

图 2-17　因果图表示

（3）将因果图转换为判定表。

根据因果图建立判定表,如表 2-17 所示。

表 2-17　根据因果图建立的判定表

选项		规　则							
		1	2	3	4	5	6	7	8
条件	c1:第 1 个字符是"#"	1	1	1	1	0	0	0	0
	c2:第 1 个字符是"＊"	1	1	0	0	1	1	0	0
	c3:第 2 个字符是一个数字	1	0	1	0	1	0	1	0
中间节点	10			1	1	1	1	0	0
结果	e1:给出信息"N"							√	√
	e2:修改文件			√		√			
	e3:给出信息"M"				√		√		
	不可能	√	√						

（4）根据判定表设计测试用例的输入数据和输出数据。

从表 2-17 中可以看出,原因 c1 和 c2 不可能同时出现,因此在设计的测试用例中排除这两种情况,从而可以得到 6 个测试用例,如表 2-18 所示。

表 2-18　根据判定表设计测试用例

测试用例编号	输入数据	预期输出	规则
1	#3	修改文件	3
2	#A	给出信息 M	4
3	＊6	修改文件	5

测试用例编号	输入数据	预期输出	规则
4	∗B	给出信息 M	6
5	A1	给出信息 N	7
6	GT	给出信息 N 和信息 M	8

> **任务实施**

中国象棋中的"走马"问题描述：中国象棋中走马的实际情况是，马走"日"字形（临近交叉点无棋子），遇到对方棋子可以吃掉，遇到己方棋子不能落点到该位置，具体规则如下。

① 如果落点在棋盘外，则不移动棋子。

② 如果落点与起点不构成日字形，则不移动棋子；

③ 如果落点处有己方棋子，则不移动棋子；

④ 如果在落点方向的临近交叉点有棋子（俗称"绊马腿"），则不移动棋子；

⑤ 如果不属于1~4条，且落点处无棋子，则移动棋子；

⑥ 如果不属于1~4条，且落点处为对方的棋子（非老将），则移动棋子并吃掉对方的棋子；

⑦ 如果不属于1~4条，且落点处为对方老将，则移动棋子并提示战胜对方，游戏结束。

1. 分析案例说明，列出所有的原因和结果

根据走马规则，可以分析出一共存在 7 个原因和 4 个结果。

原因如下。

- c_1：落点在棋盘外。
- c_2：不构成"日"字。
- c_3：落点有己方棋子。
- c_4：落点方向的邻近交叉点有棋子。
- c_5：落点处无棋子。
- c_6：落点处为对方棋子（非老将）。
- c_7：落点处为对方老将。

结果共有 4 个，分别如下。

- e_1：不移动棋子。
- e_2：移动棋子。
- e_3：移动棋子并吃掉对方棋子。
- e_4：移动棋子并提示战胜对方，游戏结束。

2. 分析原因和结果的对应关系，并画出因果图

根据走马规则可知，原因不属于 c_1~c_4 条时才可以移动棋子，故在因果图中增加中间节点 11，表示可以移动棋子必须具备的条件，如图 2-18 所示。

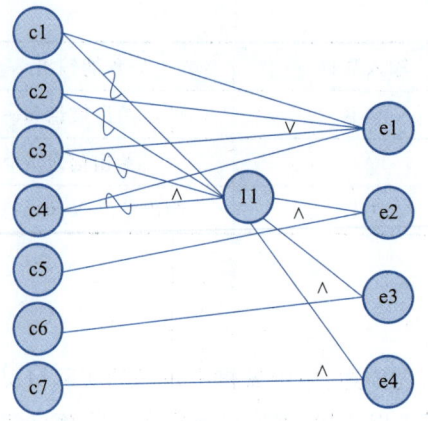

图 2-18　中国象棋走马问题的因果图 1

3. 在因果图上标识原因之间的约束条件

根据走马规则实际情况可知,原因 c5、c6、c7 不可能同时发生,对其添加 E 约束,结果 e1、e2、e3、e4 也不可能同时发生,对其添加 O 约束,完成后的因果图如图 2-19 所示。

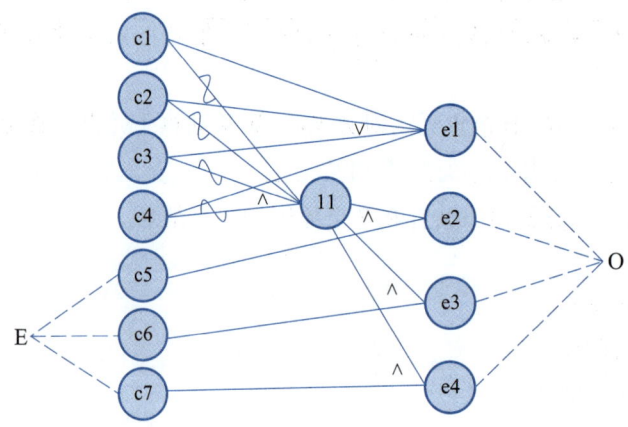

图 2-19　中国象棋走马问题的因果图 2

4. 将因果图转换为判定表

通过中间结点 11,将判定表分成两部分,简化判定表如表 12-19 所示,表中合并部分表示不可能发生。

表 2-19　中国象棋走马问题的判定表

	序号	1	2	3	4	5	6	7	8	9	10	11	12	13	14	15	16
原因	c1	0	1	0	1	0	1	0	1	0	1	0	1	0	1	0	1
	c2	0	0	1	1	0	0	1	1	0	0	1	1	0	0	1	1
	c3	0	0	0	0	1	1	1	1	0	0	0	0	1	1	1	1
	c4	0	0	0	0	0	0	0	0	1	1	1	1	1	1	1	1

续表

序号		1	2	3	4	5	6	7	8	9	10	11	12	13	14	15	16
结果	11	1	0	0	0	0	0	0	0	0	0	0	0	0	0	0	0
	e1	0	1	1	1	1	1	1	1	1	1	1	1	1	1	1	1

序号		17	18	19	20	21	22	23	24	25	26	27	28	29	30	31	32
原因	11	0	1	0	1	0	1	0	1	0	1	0	1	0	1	0	1
	c5	0	0	1	1	0	0	1	1	0	0	1	1	0	0	1	1
	c6	0	0	0	0	1	1	1	1	0	0	0	0	1	1	1	1
	c7	0	0	0	0	0	0	0	0	1	1	1	1	1	1	1	1
结果	e2	0		0	1	0					0	0					
	e3	0		0	0	0	1				0	0					
	e4	0		0	0	0	0				0	1					

5. 将判定表的每一列取出来作为依据,设计好的测试用例见表 2-20 所示,表中空余部分表示不可能发生。假定已方为红棋,棋谱中 10 条横线从上到下分别用小写字母 a、b、c、d、e、f、g、h、i、j 表示,9 条竖线从左到右分别用数字 1、2、3、4、5、6、7、8、9 表示,例如黑炮位置表示为 c2。

表 2-20　中国象棋走马问题的测试用例

序号	用例		
	己方	落点方向的临近交叉点	落点
1	红马 c2	黑车 c1	棋盘外
2	红马 c2	红马 c2	空 b1
3	红马 c2	黑车 c1	棋盘外
4	红马 c2	黑车 b2	黑象 a3
5	红马 c2	黑车 c1	棋盘外
6	红马 c2	黑车 b2	红车 b1
7	红马 c2	黑车 c1	棋盘外
8	红马 c2	黑车 b2	红车 a1
9	红马 c2	无	棋盘外
10	红马 c2	无	黑车 b1
11	红马 c2	无	棋盘外
12	红马 c2	无	黑车 a1
13	红马 c2	无	棋盘外
14	红马 c2	无	红车 b1

序号	用　　例		
	己方	落点方向的临近交叉点	落点
15	红马 c2	无	棋盘外
16	红马 c2	无	红车 a1
17	红马 c2	无	棋盘外
18			
19	红马 c2	无	棋盘外
20	红马 c2	无	空 a1
21	红马 c2	无	棋盘外
22	红马 c2	无	黑车 a1
23			
24			
25	红马 c2	无	棋盘外
26	红马 c2	无	黑将 a5
27			
28			
29			
30			
31			
32			

▶▶ 任务拓展

在较为复杂的问题中,因果图方法十分有效,它能有效地检查输入条件组合,设计出非冗余、高效的测试用例。当然,如果开发项目在设计阶段就采用了判定表,就不必再画因果图,可以直接利用判定表设计测试用例。但是它也存在着一些缺点:

① 有时难以从软件需求规格说明书中得到输入条件与输出结果的因果关系;

② 即使得到了这些因果关系,也会因为因果关系复杂导致因果图巨大,测试用例数目极其庞大。

▶ 任务实训

任务单：使用因果图方法设计测试用例实训任务单

任务名称	使用因果图方法设计测试用例实训		
组 别		成 员		小组成绩	
学生姓名		个人成绩			
实训 任务	支付宝个人认证分为两部分：个人身份认证和银行卡认证。这两者都通过后，认为个人认证成功。个人身份认证需要提交个人基本信息及身份证复印件。银行卡认证分为两种：提现认证和充值认证。 ● 提现认证的流程是：用户提交正确的银行账号→支付宝给用户的银行卡中打款→用户确认金额，认证成功。 ● 充值认证的流程是：用户提交正确的银行账号→充值→充值完成→网银反馈，认证成功。 请使用因果图方法对支付宝的个人认证功能设计测试用例		
实训 目的	1. 准确阐释因果图方法； 2. 准确描述因果图的 4 个符号和 5 种约束； 3. 正确列出所有原因和结果； 4. 正确画出因果图； 5. 正确将因果图转化为判定表，并设计测试用例； 6. 在测试用例设计中培养耐心细致、精益求精、追求卓越的工匠精神和职业素养		
实训 要求	1. 做好实训预习，掌握并熟悉本实训中所使用的开发环境及相应的测试软件； 2. 提前熟悉需要测试的案例的需求规格说明		
实训 标准	1. 列出所有的原因和结果（20%）； 2. 画出完整、正确的因果图（20%）； 3. 将因果图转化为判定表并设计测试用例（20%）； 4. 耐心细致、精益求精、追求卓越的工匠精神和职业素养（20%）； 5. 实训报告（20%）		
实训 设备 工具			
实训 过程 步骤			
实训 结果			
实训 总结			

任务 5 **正交实验法**

任务描述

本任务介绍正交实验法的基本概念,通过微信 Web 页面运行环境测试问题,介绍如何使用正交实验法设计测试用例,包括正交表的特性、选择正交表的方法、正交表映射测试用例的方法等。

当使用因果图来设计测试用例时,输入条件和输出结果之间的因果关系有时很难从软件需求规格说明中得出,或者很多时候因果关系非常复杂,以致根据因果图得到的测试用例数目多得惊人,给软件测试带来沉重的负担。为了合理地降低测试的成本,提高测试的效率,可利用正交实验法来进行测试用例的设计。

任务工单

任务工单:使用正交实验法设计测试用例

任务名称	使用正交实验法设计测试用例				
组　　别		成员		小组成绩	
学生姓名				个人成绩	
任务目标	认真分析规格说明书,提取有效因素构造要因表,选择合适的正交表进行变量映射,设计测试用例并补充测试用例				
任务要求	按照任务目标,根据功能说明构造要因表,加权筛选简化要因表,选择合适的正交表,把变量的值映射到正交表中,设计测试用例并补充认为可疑且没有出现在正交表中的测试用例,规范、严谨地完成程序所有正交表测试用例的设计				
知识梳理					
计划决策					
任务实施					

续表

任务名称		使用正交实验法设计测试用例		
组　　别	成员		小组成绩	
学生姓名			个人成绩	
任务 检查				
任务 评估				
思想 提升	《诗经》云:"如切如磋,如琢如磨。"学习最重要的在于能够坚持不懈,有始有终,要取得一定的成就,就需要有严谨的治学态度及优良的品德修养。在使用正交表设计测试用例的时候该怎么做呢			

▶▶ 任务准备

活动 1　认识正交实验法

假设一个网络应用系统共有 100 个功能点,现在需要测试用户在不同的软件环境下打开它时,这些功能点能否正常实现。由于该软件的用户可能分布十分广泛,所以软件执行时面临的软件环境可能是各种各样的,具体可能的情况如下。

① 操作系统:Windows 2016 Server、Windows 10、RHEL 8、CentOS 8、Solaris 9、Solaris 10 等。

② 浏览器:IE、FireFox、QQ 浏览器、360 浏览器等。

③ 语言:简体中文、繁体中文、英文、日文、德文等。

经测算,可能的执行环境要素及其不同版本的数量为:操作系统 15 种、浏览器 20 种、语言 8 种。如果要在上述执行环境要素完全组合的情况下,对所有功能点进行测试,测试工作量将很大,总的测试任务数为 15×20×8×100＝240 000 个。

为了解决难以进行全面测试的问题,可以采用正交实验法。正交实验法,又称为正交设计实验法,或正交设计试验法。其应用背景为:① 有多个因素的取值变化会影响某个事件的结果,现需要通过实验来验证这种影响;② 影响因素个数比较多,并且每一个因素又有多种取值,实验量非常大;③ 不能对每一组可能的数据都进行实验。

1. 正交实验法概述

正交实验设计法(Orthogonal Experimental Design)是指从大量的实验点中挑选出适量的、有代表性的点,依据 Galois 理论导出"正交表",从而合理地安排实验的一种实验设计方法。正交实验设计法是研究多因素多水平的一种实验方法,生物学中经常会用这种方法研究植物的生长状况。在软件测试中,如果软件比较复杂,也可以利用正交实验设计法设计测试用例对软件进行测试。

实验工作者在长期的工作中总结出一套办法,创造出正交表。按照正交表来安排实验,既能使实验分布得很均匀,减少实验次数,而且计算分析简单,能够清晰地阐明实验条件与结果之间的关系。

2. 正交表的构成和特性

正交实验法中,把有可能影响实验结果的条件称为因素,把条件的取值称为因素的水平(或状态)。

正交表是一个二维数字表格。其形式为:

$$L_{行数}(水平数^{因素数})$$

其中,L 表示正交表,其余术语说明如下。

* 行数:正交表中行的数量,即实验的次数,它直接对应到用正交表测试策略设计的测试用例的个数。

* 因素数:因素也称因子,是正交表中列的数量,即最多可安排的因素个数,它直接对应到用这种技术设计测试用例时的变量的最大个数。

* 水平数:指任何单个因素能够取得的值的最大个数。它直接对应到用这种技术设计测试用例时,每个变量可能取值的个数。

正交表中包含的值的范围为从 0 到"水平数-1",或从 1 到"水平数",即要测试功能点的输入条件。

例如,$L_8(2^7)$ 代表的是 8 行 7 列,水平数为 2 的正交表,如图 2-20 所示。

1	1	1	1	1	1	1
1	1	1	0	0	0	0
1	0	0	1	1	0	0
1	0	0	0	0	1	1
0	1	0	1	0	1	0
0	1	0	0	1	0	1
0	0	1	1	0	0	1
0	0	1	0	1	1	0

图 2-20　$L_8(2^7)$ 的正交表

正交实验法根据正交性从全面实验中挑选出部分有代表性的点进行实验,这些有代表性的点具备了"均匀分散,齐整可比"的特点。

"均匀分散"是指在同一张正交表中,任意两列(两个因素)的水平搭配(横向形成的数字对)是完全相同的。这样就保证了实验条件均匀地分散在因素水平的完全组合之中,因而具有很强的代表性,容易得到好的实验条件。

"齐整可比"是指在同一张正交表中,每个因素的每个水平出现的次数是完全相同的。由于在实验中每个因素的每个水平与其他因素的每个水平参与实验的概率是完全相同的,这就保证在各个水平中最大限度地排除了其他因素水平的干扰,因而能最有效地进行比较和作出展望,容易找到好的实验条件。

活动 2　正交实验法测试用例设计

1. 正交实验法设计测试用例的步骤

利用正交实验设计法设计测试用例时,可以按照如下步骤进行。

(1)依据功能说明,构造因素-水平表(要因表)

分析软件的规格需求说明得到影响软件功能的因素,明确有哪些因素,每个因素有哪几个水平。

例如,某一软件的运行受到操作系统和数据库的影响,因此影响其运行是否成功的因素有操作系统和数据库 2 个,而操作系统有 Windows、Linux、macOS 等 3 个取值,数据库有 MySQL、SQL Server、Oracle 3 个取值,因此操作系统的因素水平数为 3,数据库因素水平数为 3。据此构造该软件运行功能的因素-水平表如表 2-21 所示。

表 2-21　因素-水平表

因素	因素的水平		
操作系统	Windows	Linux	macOS
数据库	MySQL	SQL Server	Oracle

(2)加权筛选,简化要因表

在实际软件测试中,软件的因素及因素的水平会有很多,每个因素及其水平对软件作用也大不相同,如果把这些因素及水平都划分到要因表中,最后生成的测试用例会相当庞大,从而影响软件测试的效率。因此需要根据因素及水平的重要程度进行加权筛选,选出重要的因素与水平,简化要因表。

加权筛选就是根据因素或水平的重要程度、出现频率等计算因素和水平的权值,权值越大,表明因素或水平越重要,而权值越小,表明因素或水平的重要性越小。加权筛选之后,可以去掉一部分权值较小的因素或水平,使得最后生成的测试用例集缩减到允许的范围。

(3)选择一个合适的正交表并把变量的值映射到表中

选择正交表时需要考虑以下几个因素。

① 考虑因素的个数。

② 考虑因素水平的个数。

③ 考虑正交表的行数。

微课 2-6
使用正交
实验法设
计测试用
例

④ 取行数最少的一个。

在选择正交表时,一般都是先确定实验的因素、水平和交互作用,后选择适用的正交表。要因表和待选正交表之间有以下几种可能。

① 要因表的因素数和水平数与待选正交表的因素数和水平数正好相等,这种情形下可直接映射,如图 2-21 所示。

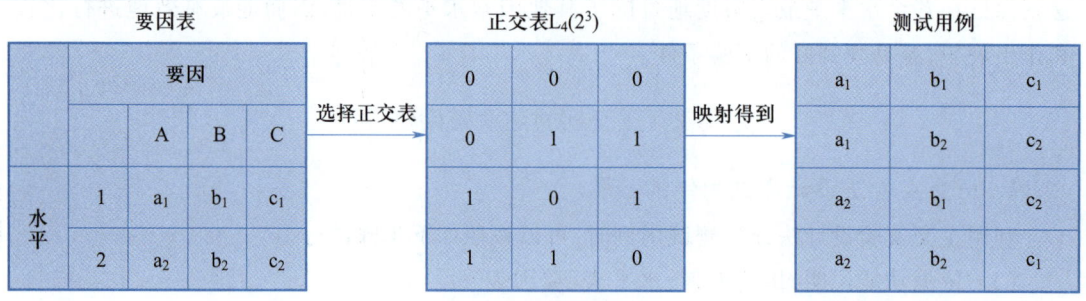

图 2-21　正交表映射过程 1

② 要因表的因素数小于待选正交表的因素数,这种情形下将待选正交表进行裁减,即去掉部分因素后再映射。例如,要因表中有 5 个因子,每个因子有 2 个状态,选择正交表并映射,如图 2-22 所示。

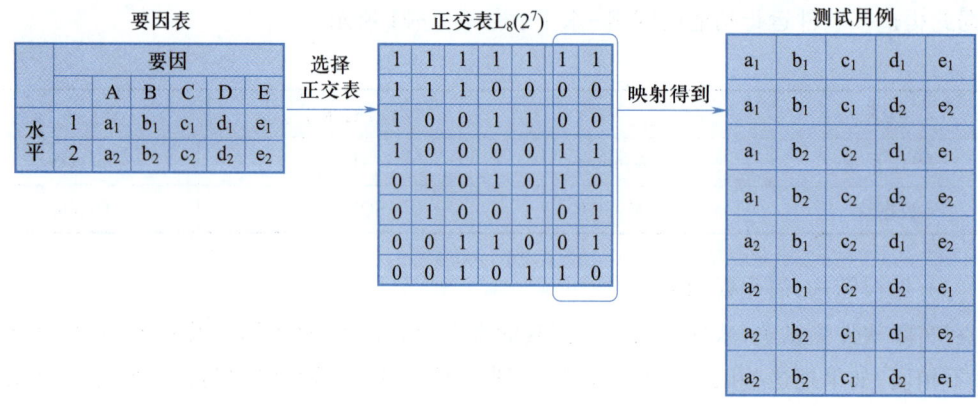

图 2-22　正交表映射过程 2

因为没有完全匹配的正交表,故将所选正交表中最后两列(圆角方框标识)裁减掉。

③ 要因表的水平数小于待选正交表的水平数,这种情形下将待选正交表多出来的水平位置用对应因素的水平值均匀分布。例如,要因表中有 5 个因素,其中 2 个因素有 2 个状态、2 个因素有 3 个状态,1 个因素有 6 个状态,选择正交表并映射,如图 2-23 所示。

其中,要因表的因素数小于正交表的因素数,这种情形下需要将待选正交表裁剪掉两列,如图 2-23 中椭圆标识所示。此外,因为要因表的取值个数小于正交表因素的水平数,需要把没有的取值均匀地替换成有的取值,如图 2-23 中方框标识所示。

为了选择到合适的正交表,有时也采用如下策略,即要因表中的某个因素不参与正交组

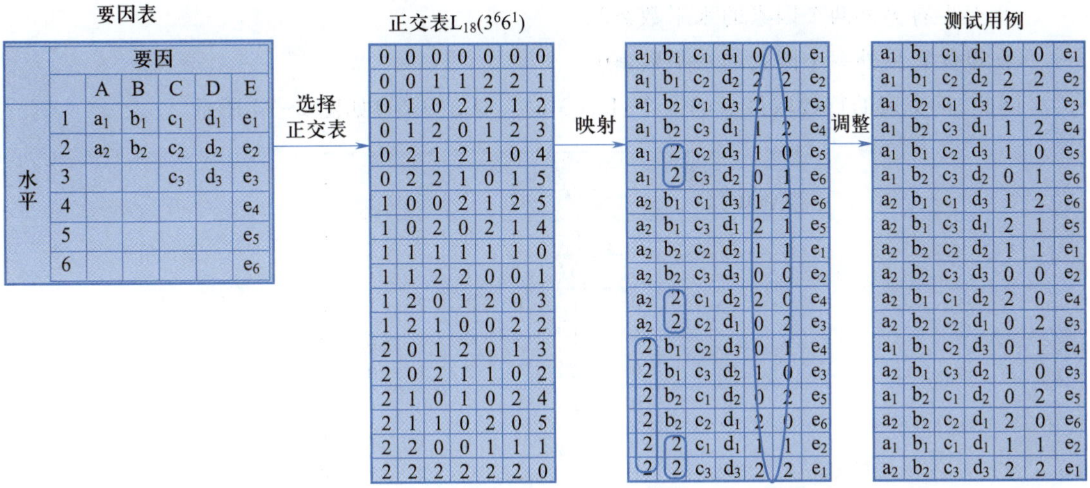

图 2-23　正交表映射过程 3

合,而是做全组合,剩余的因素正交组合。通常选做全组合的因素水平值较少,或者对应的逻辑重要性较高。

（4）编写测试用例并补充测试用例

把每一行的各因素水平的组合作为一个测试用例,并补充认为可疑且没有在正交表中出现的测试用例。

2. 正交表实验法应用实例

假设一个系统有 5 个独立的因素(A,B,C,D,E)。变量 A 和 B 都有 2 个取值(A1 、A2 和 B1、B2)。变量 C 和 D 都有 3 个可能的取值(C1、C2、C3 和 D1、D2、D3)。变量 E 有 6 个可能的取值(E1、E2、E3、E4、E5、E6)。

（1）分析因素和水平,构造要因表。

构造的要因表如表 2-22 所示。

表 2-22　要　因　表

	要　因				
	A	B	C	D	E
水平	A1	B1	C1	D1	E1
	A2	B2	C2	D2	E2
			C3	D3	E3
					E4
					E5
					E6

（2）选择正交表。

① 表中的因素数≥5;

② 表中至少有两个因素的水平数≥2;

③ 至少有另外两个因素的水平数 ≥3；

④ 至少有另外一个因素的水平数 ≥6。

因此，正交表的行数取最少的一个：$L_{18}(3^6 6^1)$。$L_{18}(3^6 6^1)$ 如图 2-24 所示。

因素 实验编号	1	2	3	4	5	6	7
1	0	0	0	0	0	0	0
2	0	0	1	1	2	2	1
3	0	1	0	2	2	1	2
4	0	1	2	0	1	2	3
5	0	2	1	2	1	0	4
6	0	2	2	1	0	1	5
7	1	0	1	2	1	2	5
8	1	0	2	0	2	1	4
9	1	1	1	1	1	1	0
10	1	1	0	2	0	0	1
11	1	2	1	1	2	0	3
12	1	2	0	0	0	2	2
13	2	0	1	0	2	0	3
14	2	0	2	1	1	0	2
15	2	1	0	1	0	2	4
16	2	1	1	0	2	0	5
17	2	2	0	0	1	1	1
18	2	2	2	2	2	2	0

图 2-24　$L_{18}(3^6 6^1)$ 的正交表

（3）进行变量映射，得到如图 2-25 所示正交表。

因素 实验编号	1	2	3	4			7
1	A1	B1	C1	D1			E1
2	A1	B1	C2	D2			E2
3	A1	B2	C1	D3			E3
4	A1	B2	C3	D1			E4
5	A1	B1	C2	D3			E5
6	A1	B2	C3	D2			E6
7	A2	B1	C2	D3			E6
8	A2	B1	C3	D1			E5
9	A2	B2	C2	D2			E1
10	A2	B2	C1	D3			E2
11	A2	B1	C2	D2			E4
12	A2	B2	C1	D1			E3
13	A1	B1	C2	D3			E4
14	A2	B1	C3	D2			E3
15	A1	B2	C1	D2			E5
16	A2	B2	C2	D1			E6
17	A1	B1	C1	D1			E2
18	A2	B2	C3	D3			E1

图 2-25　映射后的正交表

A：0→A1、1→A2

B：0→B1、1→B2

C：0→C1、1→C2、2→C3

D：0→D1、1→D2、2→D3

E：0→E1、1→E2、2→E3、3→E4、4→E5、5→E6

（4）根据正交表设计测试用例。

测试用例由 216 减少至 18 个。加上一些可疑的情况（设为 n 个），最终的测试用例为 18 + n 个，比原来的数量少多了。

任务实施

微信是一款手机 App 软件，但也有 Web 版。如果要测试微信 Web 页面运行环境，需要考虑多种因素。在众多的因素中，可以选出几个影响比较大的因素，如服务器、操作系统、插件和浏览器。对于选取出的 4 个影响因素，每个因素又有不同的取值，同样，在每个因素的多个取值中，可以选出几个比较重要的值，具体如下。

- 服务器：IIS、Apache、Jetty。
- 操作系统：Windows 7、Windows 10、Linux。
- 插件：无、小程序、微信插件。
- 浏览器：IE 11、Chrome、FireFox。

对于多因素多水平的测试可以选择正交实验法，正交实验法的第一步就是提取有效因素。由上述分析可知，微信 Web 版运行环境正交实验中有 4 个因素：服务器、操作系统、插件、浏览器，每个因素又有 3 个水平，因此该正交表是一个 4 因素 3 水平的正交表。上网查询可知其行数值为 9，即该正交表是一个 9 行 4 列的正交表。如果按照上述所列顺序从左至右为每个水平编号（0、1、2），则生成的正交表如表 2-23 所示。

表 2-23 $L_9(3^4)$ 正交表

行＼列	1	2	3	4
1	0	0	0	0
2	0	1	2	1
3	0	2	1	2
4	1	0	2	2
5	1	1	1	0
6	1	2	0	1
7	2	0	1	1
8	2	1	0	2
9	2	2	2	0

　　表 2-23 中的水平编号分别代表因素的不同取值,将因素、水平映射到正交表,可生成具体的测试用例,如表 2-24 所示。

表 2-24　微信 Web 页面运行环境测试用例

因素 用例编号	服务器	操作系统	插件	浏览器
1	IIS	Windows 7	无	IE 11
2	IIS	Windows 10	微信插件	Chrome
3	IIS	Linux	小程序	FireFox
4	Apache	Windows 7	微信插件	FireFox
5	Apache	Windows 10	小程序	IE 11
6	Apache	Linux	无	Chrome
7	Jetty	Windows 7	小程序	Chrome
8	Jetty	Windows 10	无	FireFox
9	Jetty	Linux	微信插件	IE 11

　　表 2-24 中每一行都是一个测试用例,即微信 Web 页面的一个运行环境。对于该测试案例,如果使用因果图法要设计 $3^4=81$ 个测试用例,而使用正交实验法,只需要 9 个测试用例就可以完成测试。

　　正交实验法虽然高效,但并不是每种软件都适用,在实际测试中,正交实验法其实使用比较少,但读者要理解这种测试用例的设计模式及思维方式。

 任务拓展

其他黑盒测试方法如下。

1. 错误推测法

　　错误推测法是指在测试程序时,人们可以根据经验或直觉推测程序中可能存在的各种错误,从而有针对性地编写检查这些错误的测试用例。其基本思想为:列举出程序中所有可能的错误和容易发生错误的特殊情况,根据它们选择测试用例。例如,在网页中,Tab 键一般都是按照从上至下、从左到右的顺序运行的,如果不是这样,就可以认为这是一个缺陷。这样的用例都是依据测试人员的经验设计出来的。

2. 特殊值测试法

　　特殊值测试法是最直观、运用最广泛的一种测试方法。当测试人员应用其领域知识使用类似程序的测试经验等信息开发测试用例时,常常使用特殊值测试法。这种方法不使用测试策略,只根据"最佳工程判断"来设计测试用例。如果为 NextDate 函数定义特殊值测试用例,多个测试用例可能会涉及 2 月 28 日、2 月 29 日和闰年。尽管特殊值测试法具有高度的主观性,但是所产生的测试用例集合常常比用其他方法生成的测试集合具有更高的测试效率,能更有效地发现软件故障。

3. 功能图法

功能图是一个黑盒、白盒混合用例设计方法。用功能图可以形象地表示程序的功能说明。功能图由状态迁移图和逻辑功能模型构成。

① 状态迁移图用于表示输入数据序列及其相应的输入数据。在状态迁移图中,由输入数据和当前状态决定输出数据和后续状态。

② 逻辑功能模型用于表示状态中输入条件和输出条件之间的对应关系。逻辑功能模型只适合于描述静态说明,输出数据仅由输入数据决定。测试用例则由测试中经过的一系列状态和每个状态中必须依靠输入/输出数据满足的一对条件组成。

4. 场景法

场景法测试通过运用场景对系统的功能点或业务流程进行描述,从而提高测试效果。场景法一般包含基本流和备用流。该方法从一个流程开始,通过描述经过的路径来确定过程,遍历所有的基本流和备用流完成整个场景。例如,申请一个项目,须先提交审批单据,再由部门经理审批,审核通过后由总经理最终审批,如果部门经理审核不通过,就直接退回。每个事件触发时的情景便形成了场景,而同一事件不同的触发顺序和处理结果形成事件流。这一系列的过程可以利用场景法清晰地描述。

微课 2-7 使用场景法设计测试用例

 ## 任务实训

任务单:使用正交试验法设计测试用例实训任务单

任务名称	使用正交试验法设计测试用例实训				
组　别		成　员		小组成绩	
学生姓名		个人成绩			
实训 任务	有一个功能需要用户提交性别、学历、政治面貌 3 个数据,每个数据要求如下。 性别:取值为男、女 2 种; 学历:取值为大专、本科、硕士、博士 4 种; 年龄:取值为 18 岁以下、18 岁~60 岁、60 岁以上 3 种; 请使用正交实验法设计该功能的测试用例				
实训 目的	1. 准确理解正交实验法; 2. 准确描述正交实验法的构成和特性; 3. 正确构造要因表; 4. 正确选择正交表; 5. 正确依据正交表设计测试用例; 6. 在测试用例设计中具有耐心细致、精益求精、追求卓越的工匠精神和职业素养				
实训 要求	1. 做好实训预习,掌握并熟悉本实训中所使用的开发环境及相应的测试软件; 2. 提前熟悉需要测试的案例的需求规格说明				

续表

任务名称	使用正交试验法设计测试用例实训				
组　别		成　员		小组成绩	
学生姓名		个人成绩			
实训 标准	1. 构造要因表(20%)； 2. 选择合适的正交表(20%)； 3. 依据正交表设计测试用例并按需要补充测试用例(20%)； 4. 耐心细致、精益求精、追求卓越的工匠精神和职业素养(20%)； 5. 实训报告(20%)				
实训 设备 工具					
实训 过程 步骤					
实训 结果					
实训 总结					

单元小结

微课 2-8
综合运用
黑盒测试
方法设计
测试用例

　　黑盒测试方法的共同特点是将被测程序视为一个打不开的黑盒，只根据软件规格说明设计测试用例。常用的黑盒测试方法有等价类划分、边界值分析、判定表法等。

　　边界值分析测试方法使用简单，但会生成大量测试用例，机器执行时间很长。如果将精力投入到更精细的测试方法，如判定表法，则测试用例生成花费了大量的时间，但生成的测试用例数少，机器执行时间短。这一点很重要，因为一般测试用例都要执行多次。研究测试方法的目的就是在测试用例开发工作量和测试用例执行工作量之间做一个令人满意的折中。

　　黑盒测试技术的综合使用策略如下。

① 首先进行等价类划分，包括输入条件和输出条件的等价类划分。将无限测试变成有限测试，这是减少工作量和提高测试效率最有效的方法。

② 在任何情况下都必须使用边界值分析方法。经验表明，用这种方法设计出的测试用例发现程序错误的能力更强。

③ 可以用错误推测法追加一些测试用例，这需要测试工程师的智慧和经验。

④ 对照程序逻辑，检查已经设计出的测试用例的逻辑覆盖程度，如果没有达到要求的覆盖标准，应当再补充足够的测试用例。

⑤ 如果程序的功能说明中含有输入条件的组合情况，则一开始就可以选用因果图法和判定表法。

⑥ 对于参数配置类的软件，应使用正交实验法选择较少的组合方式来达到最佳效果。

⑦ 功能图法也是很好的测试用例设计方法，可以通过不同时期条件的有效性，设计不同的测试用例。

⑧ 对于业务流程清晰的软件，使用场景法贯穿整个测试用例过程。

总之，应该在设计用例时综合使用各种测试方法。

 ## 感悟践行

黑盒测试有很多种方法，但是这些方法不是单独存在的，每个测试项目都会用到多种方法；每种类型的软件有各自的特点，每种测试用例的设计方法也有各自的特点，如何针对不同软件利用这些黑盒方法是非常重要的。

在实际测试中，需要依据待测系统的特点和功能，综合使用各种方法才能有效地提高测试效率和测试覆盖度，这就需要认真掌握这些方法的原理，积累更多的测试经验以提高测试水平。

 ## 单元测评

单元 2 测评表

专业能力核心	评价指标	自评结果
运用等价类、边界值进行黑盒测试的能力	1. 能够理解黑盒测试的基本概念和流程；	□ A □ B □ C
	2. 能够使用等价类方法进行黑盒测试；	□ A □ B □ C
	3. 能够使用边界值方法进行黑盒测试；	□ A □ B □ C
	4. 细致、严谨、规范、全面、快速编写测试用例	□ A □ B □ C
运用判定表、因果图、正交表进行黑盒测试的能力	1. 能够使用判定表方法进行黑盒测试；	□ A □ B □ C
	2. 能够使用因果图方法进行黑盒测试；	□ A □ B □ C
	3. 能够使用正交表方法进行黑盒测试；	□ A □ B □ C
	4. 测试用例编写规范	□ A □ B □ C

续表

专业能力核心	评价指标	自评结果
针对待测问题综合运用黑盒测试技术的能力	1. 能够了解其他黑盒测试方法； 2. 能够理解黑盒测试方法的选取策略； 3. 能够针对待测问题综合运用黑盒测试技术	□ A □ B □ C □ A □ B □ C □ A □ B □ C □ A □ B □ C
学生签字：　　　　　　　教师签字：		年　月　日

 单元测验

一、单选题

1. 凭经验或直觉推测可能的错误,列出程序中可能有的错误和容易发生错误的特殊情况,选择测试用例的测试方法叫(　　　)。

A. 等价类划分

B. 边界值测试

C. 错误推测

D. 逻辑覆盖

2. 黑盒测试技术中不包括(　　　)。

A. 等价类划分

B. 边界值测试

C. 错误推测

D. 逻辑覆盖

3. 黑盒测试技术,使用最广的用例设计技术是(　　　)。

A. 等价类划分

B. 边界值测试

C. 错误推测

D. 逻辑覆盖

4. 在某大学学籍管理信息系统中,假设学生年龄的输入范围为 16~40 岁,则根据黑盒测试中的等价类划分技术,下面划分正确的是(　　　)。

A. 可划分为 2 个有效等价类,2 个无效等价类

B. 可划分为 1 个有效等价类,2 个无效等价类

C. 可划分为 2 个有效等价类,1 个无效等价类

D. 可划分为 1 个有效等价类,1 个无效等价类

5. (　　　)测试用例设计方法既可用于黑盒测试,也可用于白盒测试。

A. 边界值分析法

B. 基本路径法

C. 正交实验设计法

D. 逻辑覆盖法

6. 黑盒测试中,(　　)是根据输出对输入的依赖关系设计测试用例的。

A. 基本路径法

B. 等价类

C. 因果图

D. 功能图法

7. 用边界值分析法,假定 x 为整数,$10 \leqslant x \leqslant 100$,那么 x 在测试中应该取(　　)边界值。

A. $x = 10$ $x = 100$

B. $x = 9$ $x = 10$ $x = 100$ $x = 101$

C. $x = 10$ $x = 11$ $x = 99$ $x = 100$

D. $x = 9$ $x = 10$ $x = 50$ $x = 100$

8. 下面为 C 语言程序,边界值问题可以定位在(　　)。

```
int data(3),
int i,
for(i=1,i<=3,i++)
data(i)=100
```

A. data(0)　　　　B. data(1)　　　　C. data(2)　　　　D. data(3)

二、填空题

1. 等价类划分就是将输入数据按照输入需求划分为若干个子集,这些子集称为_____。

2. 等价类划分法可将输入数据划分为_____和_____。

3. 通常_____作为等价类划分法的补充。

4. 因果图中的_____关系要求程序有 1 个输入和 1 个输出,输出与输入保持一致。

5. 因果图的多个输入之间的约束包括_____、_____、_____、_____ 4 种。

6. 判定表通常由 4 部分组成,分别是_____、_____、_____、_____。

三、简答题

1. 简述等价类划分的原则。

2. 简述判定表条件项的合并原则。

3. 简述正交实验法设计测试用例的步骤。

四、分析设计题

1. 某种信息的加密代码由 3 部分组成,这 3 部分的名称和内容如下。

(1)加密类型码:空白或 3 位数字;

(2)前缀码:非"0"或"1"开头的 3 位数;

(3)后缀码:4 位数字。

假定被测试的程序能接受一切符合上述规定的信息加密代码,拒绝所有不符合规定的信息加密代码,试用等价类划分法,分析所有的等价类,并设计测试用例。

2. 某银行网站系统登录界面如图 2-26 所示,试采用错误推测法,举出 10 种常见问题或错误,并设计 10 个测试用例。

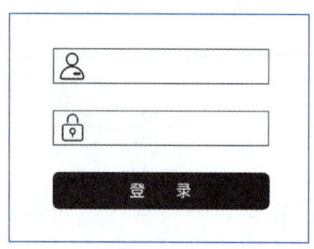

图 2-26　银行网站系统登录界面

3. 有二元函数 $f(x)$,其中 x 的取值为 $[1,12]$,y 取值为 $[1,31]$;请写出该函数采用基本边界值分析法设计的测试用例。

4. 某电力公司有 A、B、C、D 这 4 类收费标准,并规定:

① 居民用电 <100 kW·h/月,按 A 类收费;

居民用电 ≥100 kW·h/月,按 B 类收费。

② 动力用电 <10000 kW·h/月,非高峰,按 B 类收费;

动力用电 ≥10000 kW·h/月,非高峰,按 C 类收费。

③ 动力用电 <10000 kW·h/月,高峰,按 C 类收费;

动力用电 ≥10000 kW·h/月,高峰,按 D 类收费。

请用因果图法设计测试用例。

5. 假设有一个把数字串转换为整数的函数。其中,数字串要求长度为 6 个字符(1 位符号位,1~5 个数字)构成,机器字长为 16 位,分析程序中出现的边界情况,采用边界值法为该程序设计测试用例。

6. 以下是某应用程序的输入条件限制,请按要求回答问题。

某应用程序的输入条件组合如下。

·姓名:填或不填。

·性别:男或女。

·状态:激活或未激活。

① 对该程序采用正交实验设计法设计测试用例。

② 写出正交实验设计法设计测试用例的优点。

单元3

白盒测试

 学习目标

【知识目标】

- 准确阐述白盒测试的概念;
- 准确描述 5 种逻辑覆盖;
- 正确使用逻辑覆盖法设计测试用例;
- 准确阐释基本路径测试方法的适用情况和步骤;
- 正确使用基本路径方法分析程序的复杂度。

【能力目标】

- 能正确使用逻辑覆盖法设计程序的测试用例;
- 能合理使用基本路径方法设计程序的测试用例;
- 能正确利用循环测试方法设计程序的测试用例;
- 能够根据程序的具体结构和要求的测试技术编写测试用例。

【素养目标】

- 熟记白盒测试的行为准则和职业规范;
- 在白盒测试用例设计中具备综合分析和灵活处理复杂问题的职业素养;
- 在白盒测试用例设计中具有耐心细致、精益求精、追求卓越的工匠精神和职业素养。

引例描述

微课 3-1
认识白盒
测试

小张要对程序代码进行测试,应该如何进行测试？ 需要利用什么方法来编写测试用例呢？

应该利用白盒测试方法来进行程序代码的测试。

白盒测试是测试人员针对可见代码进行的一种测试,它需要分析代码的控制结构、执行路径和判断条件,并据此来写出测试用例。

白盒测试又称为透明盒测试、结构测试,它基于程序内部结构进行测试,而不是测试应用程序的功能(黑盒测试)。 因此,测试人员需要了解程序内部逻辑结构,从编程语言的角度设计测试用例。 白盒测试可用于单元测试、集成测试和系统测试。 本单元将针对具体的白盒测试方法进行详细讲解。

小张要完成程序代码的测试任务,需按照下面 3 步的白盒测试学习计划来完成学习。

① 学习用逻辑覆盖方法编写测试用例;

② 学习按照路径测试方法编写测试用例;

③ 学习按照循环测试方法编写测试用例。

任务1　逻辑覆盖测试

任务描述

本任务分析一个 Java 程序段的逻辑结构,包括流程图和判断条件,根据逻辑覆盖表设计程序执行的测试用例,对程序代码的执行进行全面分析测试,从而验证程序逻辑结构的正确性,实现对该程序片段的逻辑覆盖测试。

任务工单

任务工单:使用逻辑覆盖法设计测试用例

任务名称	使用逻辑覆盖法设计测试用例			
组　　别		成员	小组成绩	
学生姓名			个人成绩	
任务 目标	正确使用逻辑覆盖法,分析程序的逻辑结构和判断条件,设计测试用例满足指定的覆盖标准			
任务 要求	按照任务目标,首先画出程序的流程图,分析流程图中的语句、路径和判断条件,按照给定的逻辑覆盖标准,合理、规范地完成程序逻辑覆盖测试用例的设计			
知识 梳理				

续表

任务名称	使用逻辑覆盖法设计测试用例				
组　　别		成员		小组成绩	
学生姓名				个人成绩	
计划 决策					
任务 实施					
任务 检查					
任务 评估					
思想 提升	子曰:"工欲善其事,必先利其器。居是邦也,事其大夫之贤者,友其士之仁者。"要想完成白盒测试,就需要掌握各种白盒测试的方法,在今后的工作中要怎么做呢				

▶▶ 任务准备

活动 1　认识逻辑覆盖

1. 逻辑覆盖简介

逻辑覆盖是白盒测试中主要的动态测试方法之一。它是以程序内部的逻辑结构为基础的测试技术,通过遍历程序逻辑结构来实现程序的测试覆盖。所谓覆盖就是指测试范围包括逻辑单元、逻辑分支、逻辑取值。这一方法要求测试人员对程序的逻辑结构有清楚的了解。逻辑覆盖的标准有语句覆盖、判定覆盖、条件覆盖、条件/判定覆盖、条件组合覆盖等。

2. 5 种覆盖标准

（1）语句覆盖（Statement Coverage, SC）

语句覆盖就是设计若干测试用例运行被测程序,使得程序中每一可执行语句至少执行一次。这里的"若干",意味着使用的测试用例越少越好。语句覆盖在测试中主要用于发现缺陷或错误语句。语句覆盖率的公式如下。

语句覆盖率=被评价的语句数量/可执行的语句总数×100%

语句覆盖的缺点在于,其对程序执行逻辑的覆盖率很低。

（2）判定覆盖（Decision Coverage, DC）

判定覆盖有时也称为分支覆盖,就是指设计若干测试用例,运行被测程序,使得每个判定的取真分支和取假分支至少被评价一次。

判定覆盖率=被评价到的判定路径数量/判定路径的总数×100%

判定覆盖的缺点是,判定覆盖虽然能覆盖到程序所有分支,但其主要对整个表达式的最终取值进行测试,忽略了表达式内部的取值。

（3）条件覆盖（Condition Coverage，CC）

条件覆盖是指设计足够多的测试用例,运行被测程序,使得每一判定语句中每个逻辑条件的可能取值至少出现一次。条件覆盖率的公式如下。

条件覆盖率=被评价到的条件取值的数量/条件取值的总数×100%

条件覆盖的缺点是,其只考虑每个判定语句中的每个表达式,没有考虑各个条件分支（或者涉及不到全部分支）,即不能够满足判定覆盖。

（4）条件/判定覆盖（Condition/Decision Coverage，C/DC）

条件/判定覆盖是指设计足够多的测试用例,使得判定中每个条件的所有可能取值（真/假）至少出现一次,并且每个判定本身的判定结果也至少出现一次。条件/判定覆盖率的公式如下。

条件/判定覆盖率=被评价到的条件取值和判定分支的数量/（条件取值总数+判定分支总数）×100%

条件/判定覆盖的缺点在于,其没有考虑单个判定对整体结果的影响,无法发现逻辑错误。

（5）条件组合覆盖（Condition Combination Coverage，CCC）

条件组合覆盖,也称多条件覆盖（Multiple Condition Coverage，MCC）,是指设计足够多的测试用例,使得每个判定中条件的各种可能组合都至少出现一次（以数轴形式划分区域,提取交集,建立最少的测试用例）。这种方法包含了"判定覆盖"和"条件覆盖"的各种要求。满足条件组合覆盖一定满足判定覆盖、条件覆盖和条件/判定覆盖。条件组合覆盖率的公式如下。

条件组合覆盖率=被评价到的条件取值组合的数量/条件取值组合的总数×100%

条件组合覆盖的缺点在于,判定语句较多时,条件组合值比较多。

3. 覆盖标准

覆盖标准用于描述测试过程中对被测对象的测试程度,有时也被称为软件测试覆盖准则或者测试数据完备准则,它可以用于衡量测试是否充分,可以作为测试停止的标准之一。同时,它也是选取测试数据的依据,满足相同覆盖标准的测试数据集是等价的。

白盒测试覆盖标准是针对程序内部结构而言的,可以分为基于控制流的覆盖标准和基于数据流的覆盖标准。基于控制流的覆盖标准可用于检查程序中的分支和循环结构的逻辑表达式,被工业界广泛采用,语句覆盖、判定覆盖、条件覆盖、条件/判定覆盖、条件组合覆盖及基本路径覆盖都属于基于控制流的覆盖标准;基于数据流的覆盖标准有 Rapps-Weyuker标准、Ntafos 标准、Ural 的标准、Laski 和 Korel 标准等。

对于不同的覆盖标准,其测试的充分性是不一样的。如果说 A 标准的充分程度比 B 标准高,则意味着满足 A 标准的测试用例集合也满足 B 标准。语句覆盖、判定覆盖、条件覆盖、条件/判定覆盖、条件组合覆盖的测试充分程度存在如图 3-1 所示的强弱关系。例如,条件组合覆盖高于条件/判定覆盖,而条件覆盖并不一定比语句覆盖强。

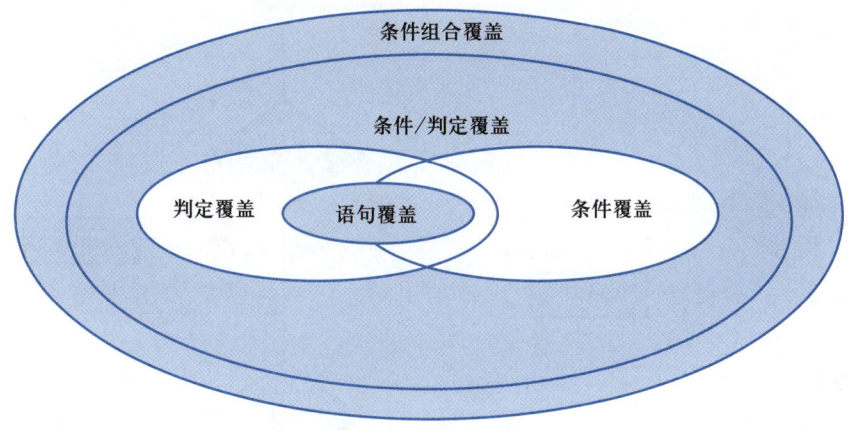

图 3-1　逻辑覆盖标准强弱关系

活动 2　逻辑覆盖测试用例设计

设有程序段 P1 如下。

if（x>0 or y>0）then a=10

if（x<10 and y<10）then b=0

其中,变量 a,b 的值在其他地方已经定义了,均为-1,该程序段对应的流程如图 3-2 所示。

下面依次看一下应如何分别实现语句覆盖、判定覆盖、条件覆盖、条件/判定覆盖和条件组合覆盖。

1. 语句覆盖测试用例设计

语句覆盖要求设计若干个测试用例,使得程序中的每个可执行语句至少都能被执行一次。对图 3-2 所示的流程图,程序需要执行通过的位置有①③④⑥;由于②⑤位置没有语句,因此不需要覆盖。

首先可能想到的是,可以设计两个测试用例,分别覆盖第 1 个 if 结构有执行语句的分支③和第 2 个 if 结构有执行语句的分支④,即:

Case1:$x=1,y=1$,覆盖③;

Case2:$x=-1,y=-1$,覆盖④。

这样即可达到语句覆盖要求,但从节约测试成本的角度出发,可以优化一下测试用例设计,实际上只需要一个测试用例,即:

Case3:$x=8,y=8$。

Case3 可同时覆盖①③④⑥,其执行路径如图 3-3 所示。

2. 判定覆盖

判定覆盖是指设计若干测试用例,运行被测程序,使程序中每个判断的真值结果和假值结果都至少出现一次。仍以程序段 P1 为例。对照流程图,按照这一标准,程序需要执行通

微课 3-2
基于逻辑
覆盖方法
设计测试
用例（一）

微课 3-3
基于逻辑
覆盖方法
设计测试
用例（二）

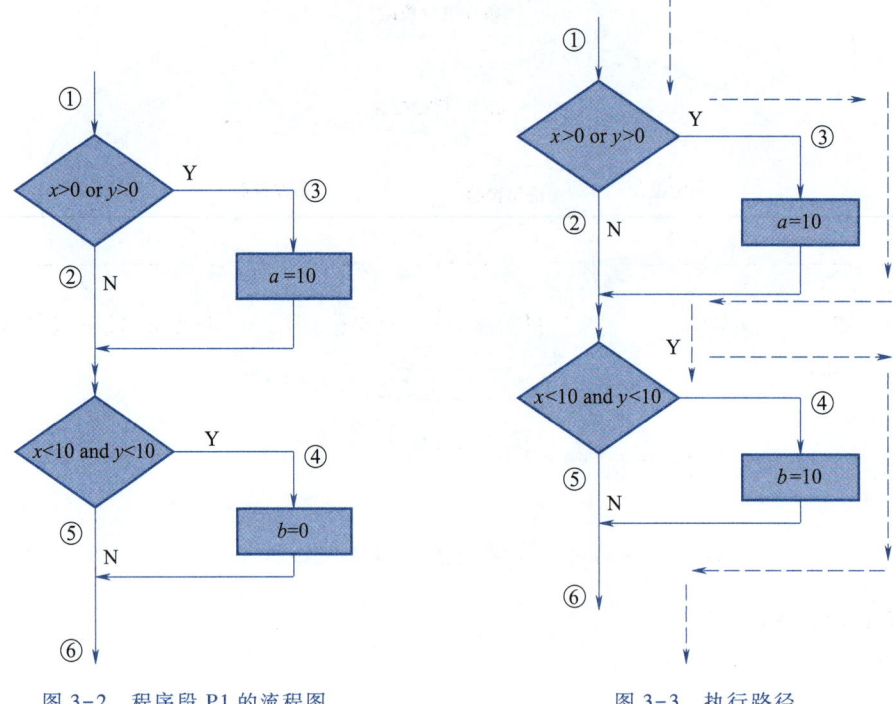

图 3-2　程序段 P1 的流程图　　　　　　　图 3-3　执行路径

过的位置有①②③④⑤⑥。程序段 P1 中存在 if 语句,由于每个判断有真假两种判断结果,因此至少需要两个测试用例。P1 中的两个 if 语句是串联的,而不是嵌套的,所以如果设计合理的话两个测试用例足够。如下两个测试用例可以达到判定覆盖要求。

Case4:x=20,y=20,覆盖①③⑤⑥;

Case5:x=-2,y=-2,覆盖①②④⑥。

具体覆盖情况见表 3-1。

表 3-1　判定覆盖测试用例

测试用例编号	x	y	$x>0$ or $y>0$	$x<10$ and $y<10$
Case4	20	20	Y	N
Case5	-2	-2	N	Y

3. 条件覆盖

条件覆盖要求判定表达式中的每一个条件都要至少取得一次真值和一次假值。需要注意的是,每个条件都要至少取得一次真值和一次假值并不等于每一个判定结果也都能至少取得一次真值和一次假值,即条件覆盖并不比判定覆盖强,两者只是关注点不同,不存在严格的强弱关系。

对于程序段 P1,设计如下测试用例可以达到条件覆盖要求。

Case6:x=20,y=-20;

Case7:$x=-2,y=20$。

具体覆盖情况见表 3-2。

表 3-2　条件覆盖测试用例

测试用例编号	x	y	$x>0$	$y>0$	$x<10$	$y<10$
Case6	20	-20	Y	N	N	Y
Case7	-2	20	N	Y	Y	N

Case6 和 Case7 对第 1 个 if 语句,只覆盖了 Y 分支;对第 2 个 if 语句,只覆盖了 N 分支,因此并不满判定覆盖。

4. 条件/判定覆盖

条件覆盖并不比判定覆盖强,两者只是关注点不同,有时会把条件覆盖和判定覆盖结合起来使用,称为条件/判定覆盖。它是指:设计足够多的测试用例,使判定表达式中每个条件的真/假取值至少都出现一次,并且每个判定结果的真/假取值也都要至少出现一次。

对于程序段 P1 来说,上文中判定覆盖的测试用例 Case4 和 Case5,实际上也同时满足条件/判定覆盖,具体覆盖情况见表 3-3。

表 3-3　条件/判定覆盖测试用例

测试用例编号	x	y	$x>0$	$y>0$	$x<10$	$y<10$	$x>0$ 或 $y>0$	$x<10$ 且 $y<10$
Case4	20	20	Y	Y	N	N	Y	N
Case5	-2	-2	N	N	Y	Y	N	Y

来看一个三角形判定问题的案例,有程序段 P2 如下。

```
if ((a<b+c)&&(b<a+c)&&(c<a+b))
    is_Triangle = true;
else
    is_ Triangle = false;
```

对该程序段进行测试时,如果要满足条件/判定覆盖,则 4 个条件表达式(见表 3-4)都要既有 true 取值,也有 false 取值。

表 3-4　4 个条件表达式

条件表达式编号	条件表达式
1	$a<b+c$
2	$b<a+c$
3	$c<a+b$
4	$(a<b+c)\&\&(b<a+c)\&\&(c<a+b)$

设计如下测试用例可满足条件/判定覆盖。

Case1: $a=1, b=1, c=1$;

Case2: $a=1, b=2, c=3$;

Case3: $a=3, b=1, c=2$;

Case4: $a=2, b=3, c=1$。

具体覆盖情况如表 3-5 所示。

表 3-5 满足条件/判定覆盖的测试用例

测试用例编号	a	b	c	$a<b+c$	$b<a+c$	$c<a+b$	$(a<b+c)$&&$(b<a+c)$&&$(c<a+b)$
Case1	1	1	1	Y	Y	Y	Y
Case2	1	2	3	Y	Y	N	N
Case3	3	1	2	N	Y	Y	N
Case4	2	3	1	Y	N	Y	N

5. 条件组合覆盖

条件组合覆盖也叫多条件覆盖,它要求设计足够多的测试用例,使每个判定中条件取值的各种组合都至少出现一次。显然,满足条件组合覆盖的测试用例一定满足判定覆盖、条件覆盖和条件/判定覆盖。

对于程序段 P1,由于一个判定表达式中有两个条件,而两个条件可能的组合情况有 4 种,因此,如果要达到条件组合覆盖,至少需要 4 个测试用例。如果能够合理设计,让 4 个测试用例在覆盖第 1 个判定的 4 种条件组合的同时也覆盖第 2 个判定的 4 种条件组合,那么 4 个测试用例足够,设计如下测试用例可以满足条件组合覆盖。

Case8: $x=10, y=10$;

Case9: $x=-1, y=-1$;

Case10: $x=10, y=-1$;

Case11: $x=-1, y=10$。

对两个判定表达式的条件组合覆盖情况如表 3-6 所示。

表 3-6 条件组合覆盖情况

测试用例编号	x	y	第 1 个判定		第 2 个判定	
			$x>0$	$y>0$	$x<10$	$y<10$
Case8	10	10	Y	Y	N	N
Case9	−1	−1	N	N	Y	Y
Case10	10	−1	Y	N	N	Y
Case11	−1	10	N	Y	Y	N

以上满足条件组合覆盖的 4 个测试用例,虽然能够覆盖到判定表达式中条件的各种组合情况,但并不能覆盖到程序中的每一条可能的执行路径。如图 3-4 所示,路径①②⑤⑥就没有被覆盖到。

如果某个判断表达式由 4 个条件组成,那么对其进行条件组合覆盖测试时,需要设计 16 个测试用例;如果某个判断表达式由 6 个条件组成,那么对其进行条件组合覆盖测试时,需要设计 64 个测试用例。条件组合覆盖的缺点是,当一个判定语句中条件较多时,条件组合数会很大,需要很多的测试用例。从便于测试的角度来说,在编写程序的时候,一个判定表达式中的条件个数不宜太多。

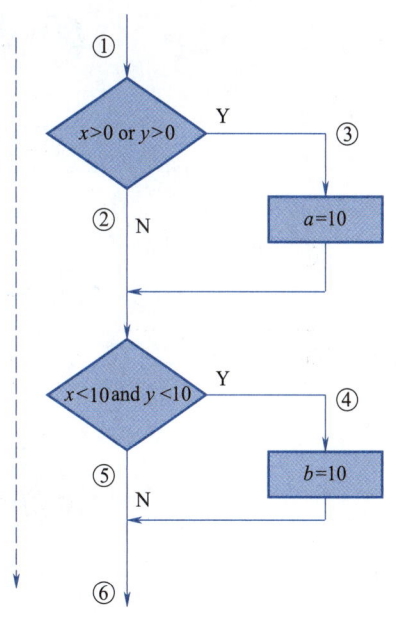

图 3-4　条件组合覆盖未能覆盖的执行路径

任务实施

某 Java 程序段如下,请设计测试用例集,要求分别满足语句覆盖、判定覆盖、条件覆盖、条件/判定覆盖和条件组合覆盖。

```java
public void work(int x,int y,int z){
int k=0,j=0;
if ( (x>20) && (z<10) )
{
    k=x*y-1;
    j=k*k;
}
if ( (x==22) ||(y>20) )
{j=x*y+10;  }
j=j% 3;
System.out.println("k,j:"+","+j);
}
```

(1) 画出该程序的流程图,如图 3-5 所示。

(2) 语句覆盖:分析程序流程图可知,满足语句覆盖可让两个判定均取真值,同时覆盖路径①③④⑥,设计如下测试用例

Case1:$x=22$,$y=21$,$z=5$。

(3) 判定覆盖:要求程序中每个判断的真值结果和假值结果都至少出现一次,即 $x>20$&&$z<10$ 取真值、假值各一次,$x==22 \parallel y>20$ 取真值、假值各一次,可设计如下测试用例。

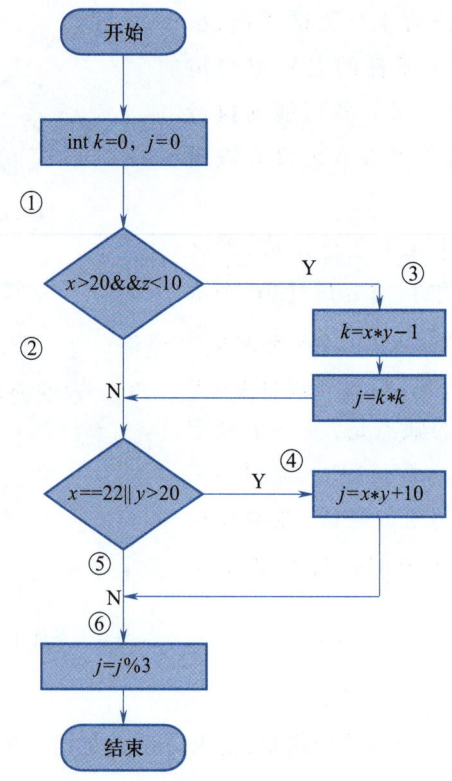

图 3-5 某 Java 程序段流程图

Case2:$x=21,y=10,z=5$。

Case3:$x=10,y=22,z=10$。

（4）条件覆盖:要求判断表达式中的每一个条件都要至少取得一次真值和一次假值。设计如下测试用例可以达到条件覆盖要求。

Case4:$x=22,y=10,z=5$。

Case5:$x=10,y=22,z=10$。

具体覆盖情况见表 3-7。

表 3-7 条件覆盖测试用例

测试用例编号	x	y	z	$x>20$	$y>20$	$x==22$	$z<10$
Case4	22	10	5	Y	N	Y	Y
Case5	10	22	10	N	Y	N	N

（5）条件/判定覆盖:设计足够多的测试用例,使判定表达式中每个条件的真/假取值至少都出现一次,并且每个判定表达式结果的真/假取值也都要至少出现一次。设计如下测试用例可以达到条件判定覆盖要求。

Case6:$x=22,y=22,z=5$。

Case7:$x=10,y=10,z=10$。

具体覆盖情况见表 3-8。

表 3-8　条件/判定满足条件覆盖情况

测试用例编号	x	y	z	$x>20$	$z<10$	$x>20$&&$z<10$	$x==22$	$y>20$	$x==22 \parallel y>20$
Case6	22	22	5	Y	Y	Y	Y	Y	Y
Case7	10	10	10	N	N	N	N	N	N

（6）条件组合覆盖：要设计足够多的测试用例，使每个判定中条件取值的各种组合都至少出现一次。对于该 Java 程序段，由于一个判定中有两个条件，而两个条件可能的组合情况有 4 种，因此，如果要达到条件组合覆盖，至少需要 4 个测试用例。设计如下测试用例可以满足条件组合覆盖。

Case8:$x=22,y=10,z=5$；

Case9:$x=10,y=22,z=11$；

Case10:$x=22,y=22,z=11$；

Case11:$x=10,y=10,z=5$。

对两个判定表达式的条件组合覆盖情况如表 3-9 所示。

表 3-9　条件组合覆盖情况

测试用例编号	x	y	z	第 1 个判定		第 2 个判定	
				$x>20$	$z<10$	$x==22$	$y>20$
Case8	22	10	5	Y	Y	Y	N
Case9	10	22	11	N	N	N	Y
Case10	22	22	11	Y	N	Y	Y
Case11	10	10	5	N	Y	N	N

▶ 任务拓展

测试覆盖标准的作用体现在以下多个方面。

（1）定量地明确软件测试的要求和工作量。对一段程序进行测试时，按照不同的测试标准，测试的要求和测试的工作量是不一样的。例如，对某一小段程序进行条件组合覆盖可能需要 8 个测试用例，而条件覆盖只需要 2 个测试用例，因为条件组合覆盖标准高于条件覆盖标准。

（2）体现测试的充分程度。根据逻辑覆盖标准，以及相应的覆盖率统计，可以体现测试进行的充分程度，覆盖标准越高，测试程度越高，覆盖率越高，测试越充分。例如，判定覆盖比语句覆盖测试程度更高。同样是判定覆盖，100% 的覆盖率比 95% 的覆盖率测试更充分。

（3）选取测试数据的依据。在进行软件测试时，需要设计或者选择很多测试数据，覆盖标准就是选取测试数据的依据,按照不同的逻辑覆盖标准,就会选取不同的测试数据。

(4) 作为测试停止的标准。过度的测试是一种浪费,测试工作不能一直进行下去,测试停止的依据可以有很多种,其中达到某种逻辑覆盖标准就可以作为依据之一。例如,对某程序进行测试时,要求达到条件/判定覆盖,那么当测试达到这样的测试标准之后,这项测试任务即算完成,测试可以停止。

(5) 对测试结果和软件质量评估具有重要影响。测试结果是跟测试标准挂钩的,使用不同的覆盖标准得到的同一个软件的测试结果有可能是不一样的,软件能通过一个覆盖标准的测试,但不一定能通过另外一个覆盖标准的测试。不同的覆盖标准对软件的测试程度有区别。根据测试通过的覆盖标准的不同,可以对软件质量给出不同的评价意见。

在软件测试实践中,需要按照测试覆盖标准来统计覆盖率,如统计语句覆盖率、判定覆盖率等,这样做的目的如下。

(1) 提高测试效率。通过覆盖率统计,可以发现并去除冗余无效的测试数据,减少测试次数,提高测试效率。例如,张三和李四两位测试工程师一起设计测试用例,通过覆盖率统计发现,两人的测试用例合并时李四设计的一部分测试用例对提高覆盖率没有任何贡献,那么说明这些测试用例是冗余的,应当去掉以减少不必要的工作量。

(2) 发现更多问题,提高产品质量。通过覆盖率统计,可以清楚地描述程序被检验到了哪种程度,发现软件中尚未测试过的部分,然后针对未测试或者测试不充分的地方继续测试,以发现更多问题,提高软件产品的质量。例如,通过覆盖率统计发现,模块 X 的覆盖率为0,也就是说这个模块还没有测试到;模块 Y 的覆盖率只有30%,测试不够充分,此时应针对模块 X 和 Y 继续测试。

 任务实训

任务单:使用逻辑覆盖法设计测试用例实训任务单

任务名称		使用逻辑覆盖法设计测试用例实训			
组别		成员		小组成绩	
学生姓名		个人成绩			

实训任务		为以下程序段设计测试用例集,要求分别满足语句覆盖、判定覆盖、条件覆盖、条件/判定覆盖和条件组合覆盖。
		
		`public int work(int A,int B){`
		　　`int x = 0;`
		　　`if((A>4) && (B<9)`
		　　`{ x = A-B; }`
		　　`if(A == 5 && B>28)`
		　　`{ x = A+B; }`
		　　`return x;`
		`}`			

任务名称	使用逻辑覆盖法设计测试用例实训				
组别		成员		小组成绩	
学生姓名		个人成绩			
实训 目的	1. 准确阐述白盒测试的概念； 2. 准确描述 5 种逻辑覆盖； 3. 正确分析程序的逻辑结构和判定节点； 4. 正确使用逻辑覆盖法设计测试用例； 5. 在测试用例设计中具有耐心细致、精益求精、追求卓越的工匠精神和职业素养				
实训 要求	1. 做好实训预习,掌握并熟悉本实训中所使用的开发环境及相应的测试软件； 2. 提前掌握需要测试的案例代码结构				
实训 标准	1. 画出程序的流程图,标出路径和判定条件(30%)； 2. 正确理解程序结构,并利用逻辑覆盖法设计程序的测试用例(30%)； 3. 耐心细致、精益求精、追求卓越的工匠精神和职业素养(20%)； 4. 实训报告(20%)				
实训 设备 工具					
实训 过程 步骤					
实训 结果					
实训 总结					

任务 2　基本路径测试

任务描述

本任务通过分析已经编写的 C 语言程序的执行路径,设计程序执行路径的测试用例,对程序代码的执行进行全面分析测试,从而验证程序逻辑结构的正确性,实现对程序路径的高覆盖测试。

目前,路径测试比较常见的方法是基本路径测试方法和循环测试方法。两种方法的实施步骤都是首先将程序代码转变为程序流程图,然后将程序流程图转变为便于分析路径的控制流图,再分析不同独立路径的具体结构,最后设计程序的测试用例。在整个实施过程中,要求学生具有耐心细致、精益求精、追求卓越的工匠精神和职业素养。

 **任务工单**

任务工单:使用基本路径法设计测试用例

任务名称			使用基本路径法设计测试用例		
组　别		成员		小组成绩	
学生姓名				个人成绩	
任务目标	正确使用基本路径方法,将程序转化为控制流图,对程序所涉及的所有独立路径进行分析,设计覆盖度较全面的测试用例				
任务要求	按照任务要求,首先将程序代码转变为程序流程图,然后将程序流程图转变为控制流图,分析程序的独立路径,耐心细致、精益求精地完成程序所有独立路径测试用例的设计				
资讯 (知识 梳理)					
计划 决策					
任务 实施					
任务 检查					
任务 评估					
思想 提升	匠人精神中提到"专于职,勤于工,敬于业,精于技",从这句话中,应如何理解进行程序代码测试用例设计时"精益求精、追求卓越"的工匠精神?在基本路径测试时,应如何耐心细致地设计测试用例				

任务准备

活动 1　认识基本路径

1. 路径测试

在具体测试中,即使一个不太复杂的程序,其路径也可能是一个非常庞大的数值,要在测试中覆盖所有的路径是不现实的,为了解决这一难题,只能将覆盖的路径数压缩到一定的限度内。例如,只将程序中的循环体执行一次。基本路径测试法就是这样一种测试方法。

从广义的角度讲,任何有关路径分析的测试都可以被称为路径测试,这里给出路径测试的最简单描述:路径测试就是从一个程序的入口开始,执行所经历的各个语句的完整过程。

路径测试是白盒测试最为典型的问题,完成路径测试的理想情况是做到路径覆盖,但从路径覆盖的讨论中已经得知,对于比较简单的程序实现路径覆盖是可能做到的,而当程序中出现多个判定和多个循环时,路径数目会急剧增加,不可能实现路径覆盖。

2. 基本路径的含义

基本路径测试法是一种白盒测试方法,它是在程序控制流图的基础上,通过分析控制构造的环路复杂度,导出基本可执行路径集合,从而设计测试用例。设计出的测试用例要保证测试程序中每一个可执行路径中的语句至少执行一次。

3. 基本路径测试的步骤

基本路径测试方法包括以下 4 个步骤。

① 画出程序控制流图(描述程序控制流的一种图示方法);

② 计算程序的环路复杂度(McCabe 复杂度度量),从程序的环路复杂度可导出程序基本路径集合中的独立路径条数,这是确定程序基本路径测试所必需的测试用例数目的上界;

③ 导出独立路径。根据环路复杂度和程序结构设计获得独立路径;

④ 准备测试用例,确保基本路径集中每一条路径的执行。

4. 控制流图

程序流程图是一个有向图,又称为框图,其采用不同图形符号标明条件或者处理等。由于这些符号在路径分析时并不重要,为了突出控制流结构,将程序流程图进行简化,产生控制流图。

控制流图是用于描述程序控制流的一种图示方法,程序控制流图中只有两种图形符号:圆圈和箭头。每一个圆圈称为流图的一个结点,代表一条或多条无分支的语句或源程序语句;箭头称为边或者连接,代表控制流。

边和节点圈定的区域称为区域。当对区域计数时,图形外的区域也应视为一个区域。

任何过程设计都要被翻译成控制流图。常见控制结构的控制流图如图 3-6 所示,请注意区分 while 循环和 until 循环控制流图。

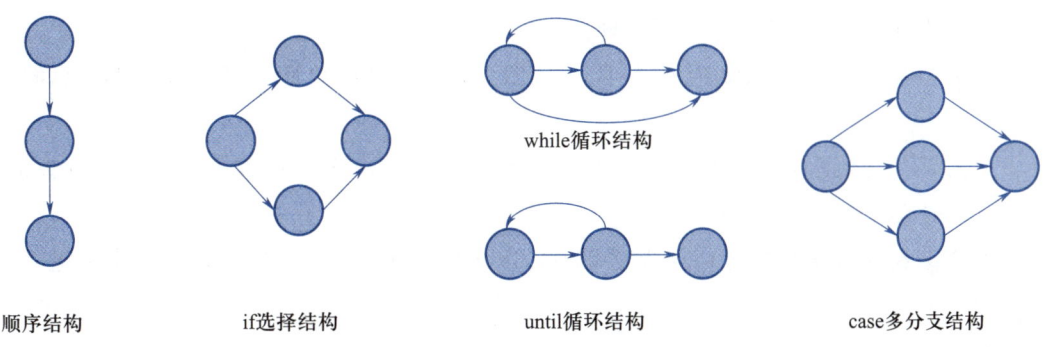

| 顺序结构 | if选择结构 | until循环结构 | case多分支结构 |

图 3-6　程序控制流图

将程序流程图转化为控制流图时,应遵照如下原则。

(1) 由判定节点出发的边必须终止于某一个节点。一组顺序处理框可以映射为一个节点,控制流图中的箭头(边)表示控制流的方向,类似于流程图中的流线,一条边必须终止于一个节点。

(2) 在选择或多分支结构中,分支的汇聚处应有一个汇聚节点。在汇聚处,即使没有执行语句,也应该添加一个汇聚节点。

(3) 如果判断中的条件表达式是由一个或多个逻辑运算符(or、and、nand、nor)连接的复合条件表达式,则需要改为一系列只有单条件的嵌套的判断。例如:

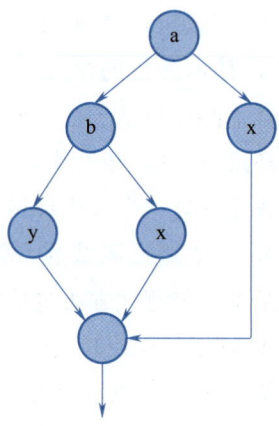

图 3-7　复合条件控制流图

```
if(a or b)
    x;
  else
    y;
```

对应的控制流图如图 3-7 所示。

活动 2　基本路径测试用例设计

微课 3-4
基于路径
测试方法
设计测试
用例(一)

1. 画程序控制流程图

程序流程图用来描述程序的控制结构。可将程序流程图映射到相应的程序控制流图。假设流程图的菱形判定框中不包含复合条件,则程序流程图中的一个处理方框和一个菱形判定框可被映射为程序控制流图中的一个节点,而控制流图中的箭头类似于流程图中的箭头。一条边必须终止于一个节点,即使该节点并不代表任何语句(如 if-else-then 结构)。

2. 计算程序的环路复杂度

环路复杂度是一种为程序逻辑复杂性提供定量测度的软件度量,该度量用于计算程序的基本独立路径数目,是确保所有语句至少执行一次的测试数量的上界。独立路径必须包含一条在定义之前不曾用到的边。

计算环路复杂度的方法有以下 3 种。

微课 3-5
基于路径
测试方法
设计测试
用例(二)

方法 1:流图 G 的环路复杂度 $V(G)$ = 流图中封闭区域的数量 + 1 个开放区域 = 总的区域数。

方法 2:给定流图 G 的环路复杂度 $V(G)$,定义为 $V(G) = E - N + 2$,E 是流图中边的数量,N 是流图中节点的数量。

方法 3:给定流图 G 的环路复杂度 $V(G)$,定义为 $V(G) = P + 1$,P 是流图 G 中判定节点的数量。

3. 导出独立路径

独立路径是指至少沿一条新的边移动的路径,即和其他路径相比,至少引入一个新处理语句或一个新判定的程序通路,它必须包含至少一条在本次定义路径之前不曾用过的边。

程序环路复杂度值 V(G)等于该程序基本路径集合中总的独立路径的条数,这是确定程序中每个可执行语句至少执行一次所必需的测试用例数目的上限。

4. 准备测试用例

为了确保基本路径集中每一条路径的执行,根据判断节点给出的条件,选择适当的输入数据。

▶ **任务实施**

用基本路径测试方法对下面的 C 语言函数代码进行白盒测试。

```c
void Sort(int iRecordNum,int iType)
{
int x = 0;
int y = 0;
while(iRecordNum>0){
    if(iType == 0){
        x = y+2;
        break;
    }
    else
        if(iType == 1)
            x = y+10;
        else
            x = y+20;
        iRecordNum--;
}
}
```

1. 画出程序控制流图

(1)首先画出程序的流程图,如图 3-8 所示。

(2)将上面的程序流程图转变为控制流图,如图 3-9 所示。

2. 计算程序的环路复杂度

对应图 3-9 的控制流图,环路复杂度计算如下。

方法 1:流图中有 3 个密闭区域,1 个开放区域,共计 4 个区域,故环路复杂度为 4。

方法 2:环路复杂度 V(G)= E(边数)−N(节点数)+2 = 10−8+2 = 4。

方法 3:环路复杂度 V(G)= P(判断节点数)+1 = 3+1 = 4。

3. 导出独立路径

V(G)值正好为该程序的独立路径的条数,具体路径情况如下。

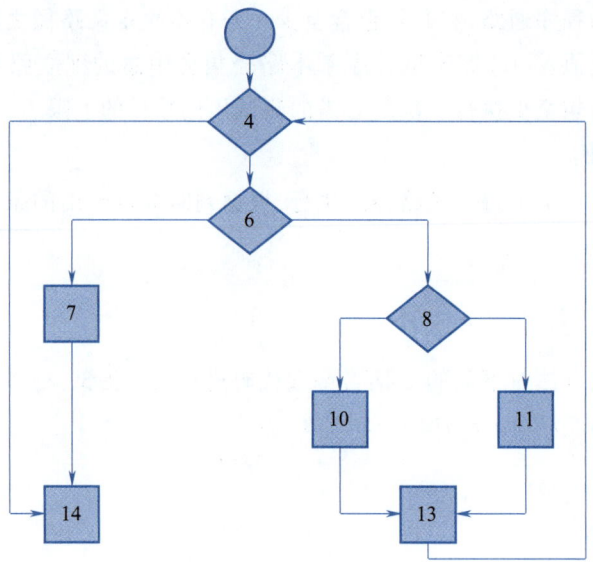

图 3-8　程序流程图

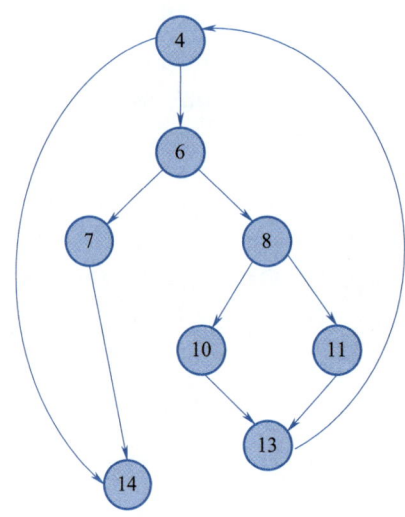

图 3-9　程序控制流图

（1）路径 1:4→14。

（2）路径 2:4→6→7→14。

（3）路径 3:4→6→8→10→13→4→14。

（4）路径 4:4→6→8→11→13→4→14。

4. 测试用例设计

　　程序测试用例的输入值一般指程序函数或方法的实参,对应上面的 4 条独立路径,依次设计路径的测试用例如表 3-10 所示。

表 3-10　测 试 用 例

序号	路径	输入	预期输出
1	4-14	iRecordNum = 0, 或者取 iRecordNum < 0 的某一个值, iType 取任意值	x = 0
2	4-6-7-14	iRecordNum = 1, iType = 0	x = 2
3	4-6-8-10-13-4-14	iRecordNum = 1, iType = 1	x = 10
4	4-6-8-11-13-4-14	iRecordNum = 1, iType = 2	x = 20

任务拓展

在工程实践中,白盒测试应做到什么程度呢? 白盒测试与黑盒测试应维持什么样的比例呢?

一般而言,白盒测试做多少与产品形态有关,如果产品更多地具备软件平台特性,白盒测试应占总测试的 80% 以上,甚至接近 100%;而如果产品具备复杂的业务操作,有大量图形用户界面,黑盒测试的分量应该更重些。根据经验,对于大多数嵌入式产品,白盒测试(包括代码走查)应占总测试投入的一半以上,白盒测试发现的问题数也应超过总问题数的一半。

任务实训

任务单:使用基本路径法设计测试用例实训任务单

任务名称	使用基本路径法设计测试用例实训			
组　别		成　员		小组成绩
学生姓名		个人成绩		
实训任务	请用基本路径测试法对下面的选择排序 Java 代码段进行测试。			

```java
public void select_sort(int a[]){
    int i,j,k,t,n;
    n=a.length;
    for(i=0;i<n-1;i++){
        k=i;
        for(j=i+1;j<n;j++){
            if(a[j]<a[k]){
                k=j;
            }
        }
```

任务名称			使用基本路径法设计测试用例实训		
组　别		成　员		小组成绩	
学生姓名		个人成绩			

实训任务	if(i! = k){
	　　t=a[k];
	　　a[k] = a[i];
	　　a[i] = t;
	　}
	　}
	}				

实训目的	1. 准确阐释基本路径测试方法的适用情况和步骤; 2. 准确转变程序的程序流程图和控制流图; 3. 正确使用基本路径方法分析程序的环路复杂度; 4. 正确分析程序的独立路径; 5. 利用基本路径方法全面设计程序的测试用例; 6. 在测试用例设计中具有耐心细致、精益求精、追求卓越的工匠精神和职业素养				
实训要求	1. 做好实训预习,掌握并熟悉本实训中所使用的开发环境及相应的测试软件; 2. 提前掌握需要测试的案例的代码编写				
实训标准	1. 设计程序的流程图和控制流图(30%); 2. 正确分析程序的独立路径,并利用基本路径方法全面设计程序的测试用例(30%); 3. 耐心细致、精益求精、追求卓越的工匠精神和职业素养(20%); 4. 实训报告(20%)				
实训设备工具					
实训过程步骤					
实训结果					
实训总结					

任务 3　循环测试

▶▶ 任务描述

　　本任务通过分析已经编写的 C 语言程序的循环结构,设计程序循环执行的测试用例,对程序代码的执行进行全面分析测试,从而验证循环结构的有效性,实现对循环结构的高覆盖测试。

　　循环测试方法是一种路径测试方法,旨在执行足够的测试用例,使得循环中的每个条件都得到验证。在整个的实施过程中,需要学生具有耐心细致、精益求精、追求卓越的工匠精神和职业素养。

▶▶ 任务工单

任务工单:使用循环测试法设计测试用例

任务名称	使用循环测试法设计测试用例				
组　　别		成员		小组成绩	
学生姓名				个人成绩	
任务目标	正确使用循环测试方法,将程序转化为控制流图,对程序所涉及的所有循环路径进行分析,设计覆盖度较高的测试用例				
任务要求	按照任务目标,首先将程序代码转变为程序流程图,然后将程序流程图转变为控制流图,分析程序的循环结构,耐心细致、精益求精地完成程序所有循环结构测试用例的设计				
资讯(知识梳理)					
计划决策					
任务实施					

续表

任务名称			使用循环测试法设计测试用例		
组　　别		成员		小组成绩	
学生姓名				个人成绩	
任务 检查					
任务 评估					
思想 提升	韩愈在《讲学解》中提到:"业精于勤,荒于嬉;行成于思,毁于随。"这句话的意思是学业由于勤奋而专精,由于玩乐而荒废;德行由于独立思考而有所成就,由于因循随俗而败坏。那么请思考,在循环测试过程中应如何耐心细致地设计测试用例				

▶ **任务准备**

活动 1　认识循环测试

1. 循环测试的定义

循环测试是指执行足够的测试用例,使得循环中的每个条件都得到验证。循环测试是一种白盒测试技术,其目的是检查循环结构的有效性。

2. 循环测试的分类

在结构化程序中通常只有 3 种循环,即简单循环、嵌套循环和串接循环,如图 3-10 所示。

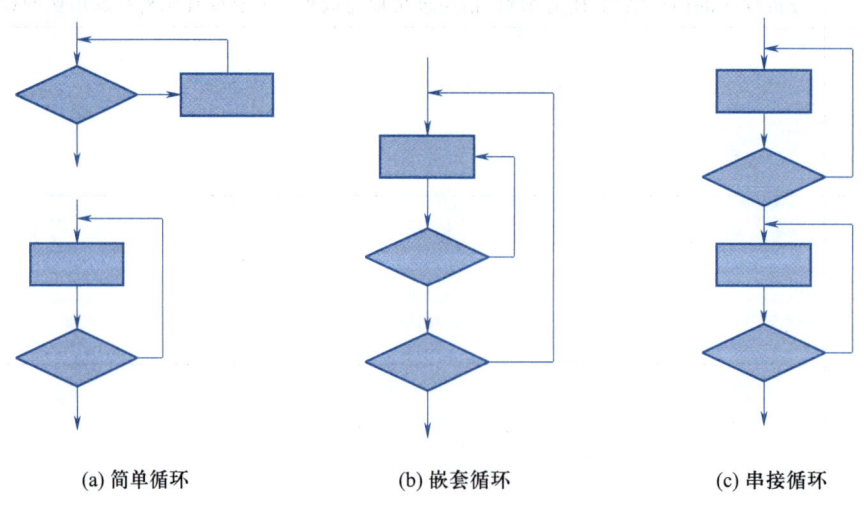

　　(a) 简单循环　　　　　　　　(b) 嵌套循环　　　　　　　　(c) 串接循环

图 3-10　常见循环结构

简单循环是最普通的循环,不嵌套,并且只有一个循环。

嵌套循环是将一个循环结构 A 声明在另一个循环结构 B 的循环体中,循环结构 B 为外层循环,循环结构 A 为内层循环。简单来说,一个循环的外面包围一层循环称为二重循环,外面包围两层循环称为三重循环,依此类推,外面包围多层循环则为多重循环。

串接循环又称为并列循环。串接循环有两种方式,第一种是串接循环的各个循环都彼此独立,第二种是两个循环不是独立的,即第一个循环的循环计数器值是第二个循环的初始值。

活动 2　循环测试用例设计

1. 简单循环

使用下列测试集来测试简单循环,其中 n 是允许通过循环的最大次数。

① 跳过循环。

② 只通过循环一次。

③ 通过循环两次。

④ 通过循环 m 次,其中 $m<n-1$(通常取 $m=n/2$)。

⑤ 通过循环 $n-1$、n、$n+1$ 次。

2. 嵌套循环

如果把测试简单循环的方法直接应用到嵌套循环,那测试数就会随嵌套层数的增加按几何级数增长,这会导致庞大的测试数目。下述为一种能减少测试数的方法。

① 从最内层循环开始测试,把所有其他循环都设置为最小值。

② 对最内层循环使用简单循环测试方法,而使外层循环的迭代参数(如循环计数器)取最小值,并为越界值或非法值增加一些额外的测试。

③ 由内向外,对下一个循环进行测试,但确保所有其他外层循环为最小值,内层嵌套循环为"典型"值。继续进行下去,直到测试完所有循环。

3. 串接循环

如果串接循环的各个循环都彼此独立,则可以使用测试简单循环的方法来测试串接循环。但是,如果第一个循环的循环计数器值是第二个循环的初始值,则这两个循环并不是独立的。当循环不独立时,建议使用测试嵌套循环的方法来测试串接循环。

▶ 任务实施

用循环测试方法对下面的 C++代码进行白盒测试。

```cpp
void input(int num[],int n){
    int a;
    for(int i=0;i<n;i++){
        do{
```

```
        cout<<"请输入一个 1~200 之间的整数:";
        cin>>a;
      }while(a<1 || a>200);
    num[i]=a;
  }
}
```

1. 画出程序控制流图

程序控制流图如图 3-11 所示。

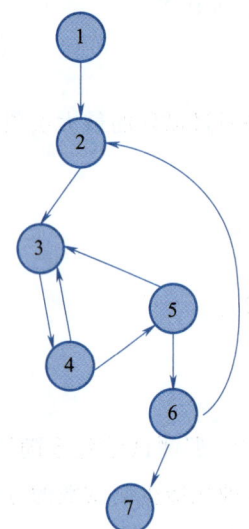

节点1:语句1

节点2:语句2

节点3:语句3

节点4:语句4, 5, 6-1

节点5:语句6-2

节点6:语句7, 8

节点7:语句9

图 3-11　程序控制流图

2. 循环测试用例编写

本段程序包含两个循环,且它们组成一个嵌套循环,因此需要采用测试嵌套循环的方法来设置测试用例,见表 3-11 所示。

表 3-11　嵌套循环测试用例

路径	输入与操作	预期结果
1→2→3→4→5→6→7	数组 num,$n=1$,输入 50	num[0]=50
1→2→3→4→3→4→5→6→7	数组 num,$n=1$,依次输入 0,50	num[0]=50
1→2→3→4→5→3→4→5→6→7	数组 num,$n=1$,依次输入 201,50	num[0]=50
1→2→3→4→5→6→2→3→4→5→6→7	数组 num,$n=2$,依次输入 50,30	num[0]=50, num[1]=30

　① 首先观察内层循环:内层循环的循环次数必然大于或等于 1,不可能存在内层循环为 0 的情况,且内层循环的循环次数取决于输入的数是否符合规则,具有不确定性。因此,内

层循环的测试仅能取循环 1 次、循环 2 次和循环正常次数,这里取 5 次。

② 然后观察外层循环:外层循环的循环次数取决于参数 n。当 $n = 0$ 时,不执行循环体;当 $n \geq 1$ 时,将进入循环体。考虑测试到各种循环次数,取 $n = 10$,此时最大循环次数为 10。

根据上述分析,可以得出针对该循环测试的测试用例,见表 3-12。

表 3-12　测 试 用 例

测试项		输入	预期结果
内层循环	循环 1 次	num 数组, $n = 1$,依次输入 0,201,−5,300,50	$a = 0$
	循环 2 次		$a = 201$
	循环 5 次		$a = 50$
外层循环	循环 0 次	$n = 0$	—
	循环 1 次	num 数组, $n = 10$,依次输入 10,20,30,40,50,60,70,80,90,100	num[0] = 10
	循环 2 次		num[1] = 20
	循环 5 次		num[4] = 50
	循环 10 次		num[9] = 100

▶ 任务拓展

目前为止学习了白盒测试和黑盒测试,通过学习可以知道,白盒测试是一种基于代码的测试方法,它通过检查软件的内部结构和逻辑来确定软件是否按照预期工作。白盒测试通常由开发人员执行,因为他们对软件的内部结构和逻辑最为熟悉。白盒测试可以帮助开发人员发现代码中的逻辑错误、语法错误、边界条件错误等。与白盒测试相反,黑盒测试是一种基于功能的测试方法,它不考虑软件的内部结构和逻辑,而是关注软件的输入和输出。黑盒测试通常由测试人员执行,因为他们代表最终用户,可以模拟用户的行为和期望。黑盒测试可以帮助测试人员发现软件的功能错误、界面错误、性能错误等。

在实践中,应该如何选择测试方法呢?

在实践中,选择合适的测试方法取决于软件的特点和测试目标。如果软件的内部结构和逻辑非常复杂,或者需要测试特定的代码模块,那么白盒测试可能更加适合。如果软件的功能和用户体验非常重要,或者需要测试整个软件系统,那么黑盒测试可能更加适合。

总之,白盒测试和黑盒测试是自动化测试中常见的两种测试方法。它们各有优缺点,可以根据软件的特点和测试目标选择合适的测试方法。在实践中,可以结合使用白盒测试和黑盒测试,以便更全面地测试软件。

 **任务实训**

任务单:使用循环测试法设计测试用例实训任务单

任务名称			使用循环测试法设计测试用例实训		
组　别		成　员		小组成绩	
学生姓名		个人成绩			

实训
任务
	请用循环测试方法对下面的选择排序 Java 代码段进行测试。
	
	``java
	public void select_sort(int a[]){
	    int i,j,k,t,n;
	    n=a.length;
	    for(i=0;i<n-1;i++){
	        k=i;
	        for(j=i+1;j<n;j++){
	            if(a[j]<a[k]){
	                k=j;
	            }
	        }
	        if(i! =k){
	            t=a[k];
	            a[k]=a[i];
	            a[i]=t;
	        }
	    }
	}
	``					

实训 目的	1. 准确阐释循环测试方法的适用情况和步骤; 2. 准确转变程序的流程图和控制流图; 3. 利用循环测试方法全面设计程序的测试用例; 4. 在测试用例设计中具有耐心细致、精益求精、追求卓越的工匠精神和职业素养				
实训 要求	1. 做好实训预习,掌握并熟悉本实训中所使用的开发环境及相应的测试软件; 2. 提前掌握需要测试的案例的代码编写				
实训 标准	1. 设计程序的流程图和控制流图(30%); 2. 正确分析程序的循环结构,并利用循环测试方法全面设计程序的测试用例(30%); 3. 耐心细致、精益求精、追求卓越的工匠精神和职业素养(20%); 4. 实训报告(20%)				

续表

任务名称	使用循环测试法设计测试用例实训				
组　别		成　员		小组成绩	
学生姓名		个人成绩			
实训设备工具					
实训过程步骤					
实训结果					
实训总结					

 ## 单元小结

　　白盒测试是基于被测试程序源代码设计测试用例的测试方法。 常见的白盒测试方法有逻辑覆盖方法、路径测试和循环测试 3 类。

　　逻辑覆盖主要包括：语句覆盖、判定覆盖、条件覆盖、条件/判定覆盖、条件组合覆盖。但每个指标都无法保证 100％的覆盖。

　　因受到"与""或"关系的限制，判定条件之间存在屏蔽作用，设计测试用例时要充分注意这一点。

　　路径测试是最早被应用的测试方法之一。 路径测试的过程是首先选定一些路径，然后据此写出测试用例。

　　基本路径测试方法着眼于独立路径的寻找，要求在测试中保证程序的每个可执行语句至少执行一次。 由于路径测试一般会满足逻辑覆盖的标准，因此在实际中被较多采用。 但是路径测试会随着条件节点的增多而变得复杂，对于环路复杂度大于 10 的程序，一般被认为过于复杂而难以测试。

　　循环测试方法主要解决的是对循环的测试，其目的是执行足够的测试用例，使得循环中的每个条件都得到验证，以此检查循环结构的有效性。

感悟践行

　　逻辑覆盖主要针对逻辑判定表达式展开测试，考查程序代码中所有逻辑值均需测真值和假值的情况。 在实际项目中，由于程序内部的逻辑存在不确定性和无穷性，尤其对于大规模复杂软件，不必采用所有的覆盖标准，而应根据实际情况选择合适的覆盖标准。 往往对测试人员设计的测试用例有如下要求：语句覆盖率为 100%，判定覆盖率为 80% 以上，路径覆盖率为 100%。

　　路径测试方法需要将程序代码转变为程序流程图和控制流图，这需要在测试用例的设计过程中不怕麻烦，具有耐心细致、精益求精、追求卓越的工匠精神和职业素养。

 ## 单元测评

单元 3 测评表

专业能力核心	评价指标	自评结果
逻辑覆盖测试	1. 能够理解 5 种常见的逻辑覆盖标准并了解它们的优缺点； 2. 能够根据 5 种覆盖标准设计测试用例； 3. 能够对不同标准设计的测试用例进行分析； 4. 细致、严谨、规范、全面、快速地编写单元测试程序	□ A □ B □ C □ A □ B □ C □ A □ B □ C □ A □ B □ C
基本路径测试	1. 准确阐释基本路径测试方法的步骤； 2. 准确转变程序流程图和控制流图； 3. 正确使用基本路径法分析程序环路复杂度； 4. 正确分析程序的独立路径； 5. 利用基本路径方法全面设计测试用例； 6. 具有耐心细致、精益求精、追求卓越的工匠精神和职业素养	□ A □ B □ C □ A □ B □ C □ A □ B □ C □ A □ B □ C □ A □ B □ C □ A □ B □ C
循环测试	1. 准确阐释循环测试方法的适用情况和步骤； 2. 准确转变程序的程序流程图和控制流图； 3. 利用循环测试方法全面设计程序的测试用例	□ A □ B □ C □ A □ B □ C □ A □ B □ C
学生签字：	教师签字：	年　月　日

单元测验

一、单选题

1. 下列不属于白盒测试的技术是(　　　)。

A. 语句覆盖　　　　B. 判定覆盖　　　　C. 边界值测试　　　D. 基本路径测试

2. 某次程序调试没有出现预计的结果，下列(　　　)不可能是导致出错的原因。

A. 变量没有初始化　　　　　　　　B. 编写的语句书写格式不规范

C. 循环控制出错　　　　　　　　　D. 代码输入有误

3. 代码检查法有桌面检查法、代码走查和(　　　)。

A. 静态测试　　　　　B. 代码审查　　　　　C. 动态测试　　　　　D. 白盒测试

4. 如果某测试用例集实现了某软件的路径覆盖,那么它一定同时实现了该软件的(　　　)。

A. 判定覆盖　　　　　B. 条件覆盖　　　　　C. 条件/判定覆盖　　　D. 条件组合覆盖

5. 软件测试的局限性不包括(　　　)。

A. 因为输入/状态空间的无限性,测试不可能完全彻底

B. 巧合性有时会导致错误的代码得到正确的结果,掩盖了问题

C. 软件测试会导致成本增加,效益降低

D. 软件缺陷的不确定性

6. 以下测试方法不属于白盒测试技术的是(　　　)。

A. 基本路径测试　　　　　　　　　　B. 等价类划分测试

C. 程序插桩　　　　　　　　　　　　D. 逻辑覆盖测试

7. 下面是一段求最大值的程序,其中 datalist 是数据表,n 是 datalist 的长度,请问该程序段的环路复杂度是(　　　)。

```
int GetMax(int n,int datalist[]){
    int k=0;
    for(int j=1;j<n;j++)
        if(datalist[j]>datalist[k])
            k=j;
    return k;
}
```

A. 2　　　　　　　　B. 3　　　　　　　　C. 4　　　　　　　　D. 5

8. 程序控制流图中包括(　　　)种图形符号。

A. 2　　　　　　　　B. 3　　　　　　　　C. 4　　　　　　　　D. 5

9. (　　　)方法主要解决的是对循环的测试方法。

A. 基本路径测试　　　B. 边界值分析　　　C. 循环测试　　　　　D. 逻辑覆盖测试

10. 下列不属于循环测试方法的是(　　　)。

A. 简单循环　　　　　B. 嵌套循环　　　　C. 复杂循环　　　　　D. 串接循环

二、填空题

1. 语句覆盖的目的是测试程序中的代码是否被执行,它只测试代码中的_____。

2. _____的作用是使真、假分支均被执行。

3. _____是指判定语句中的每个条件都要取真、假值各一次。

4. 对于判定语句 if(a>1 and c<1),测试时要保证 $a>1$、$c<1$ 两个条件取"真""假"值至少一次,同时,判定语句 if(a>1 and c<1)取"真""假"值也至少一次,这使用了_____覆盖方法。

5.　_____要求判定语句中所有条件取值的可能组合都至少出现一次。

6.　_____是在程序控制流图的基础上,通过分析控制流图的复杂度,导出基本可执行路径集合,从而设计测试用例的方法。

7. 假定在程序控制流图中有 14 条边、10 个节点,则控制流图的环路复杂度 V(G) 是_____。

8. 循环测试是一种白盒测试技术,在结构化程序中通常只有 3 种循环,即_____、_____和_____。

三、简答题

1. 白盒测试和黑盒测试的区别是什么?

2. 请简述逻辑覆盖的几种方法及它们之间的区别。

3. 请简述使用基本路径测试方法设计测试用例的基本步骤。

4. 请简述计算程序环路复杂度的方法。

5. 请简述使用循环测试方法设计测试用例的基本步骤。

单元4

单元测试

 学习目标

【知识目标】

- 准确阐释单元测试的基本概念;
- 判定和解释单元测试的误区;
- 正确编写被测程序的驱动模块和桩模块;
- 概括描述 JUnit 的基本概念;
- 合理安排设计单元测试的流程;
- 熟记 JUnit 的基本框架和结构;
- 掌握 Eclipse 和 JUnit 单元测试工具的使用方法。

【能力目标】

- 能合理编写驱动模块和桩模块程序对程序模块进行动态测试;
- 基于 Eclipse 集成开发环境正确安装 JUnit 工具;
- 基于 Eclipse 和 JUnit 环境正确编写单元测试用例;
- 正确使用测试套件组合测试用例。

【素养目标】

- 熟记单元测试的行为准则和职业规范;
- 编写代码规范、质量较高的测试程序和被测程序,方便代码审查和技术交流,降低软件的维护成本;
- 基于单元测试的效率和全面的两难问题,设计和实施单元测试解决方案。

 引例描述

软件开发工程师小张想测试一下代码中的方法是否有问题，应该如何来进行？

单元测试可以帮助他解决此问题。

单元测试主要针对代码中的方法或函数进行测试，是代码级最小单位的测试。 通常单元测试在开发阶段由开发人员完成，是程序开发过程中一个非常重要的环节。 单元测试一般使用自动化测试工具完成。 JUnit 是一个开源的 Java 编程语言的单元测试标准框架。

开发工程师小张要完成单元测试任务，须按照下面 3 步的单元测试学习计划来完成学习。

① 学习单元测试的入门知识，编写驱动模块和桩模块程序对被测程序模块进行动态测试；

② 学习 JUnit 基础，对 Java 程序进行单元测试；

③ 学习 JUnit 的核心架构，对程序进行单元测试。

任务 1　动态测试 Java 程序单元

▶ 任务描述

本任务对已经完成编写的 Java 程序的方法进行测试。开发人员通过编写驱动模块(被测单元的上层模块)和桩模块(被测单元所调用的模块)，建立单元测试的完整环境，使被测单元能够运行起来,对 Java 程序方法进行动态测试,从而来验证被测单元的正确性。

在实际操作的过程中,学生应独立自主完成程序单元的分离,面对复杂的软件系统,能整体系统地考虑程序的执行路径,认真对待每个单元模块的细节,细致、严谨、规范、全面、快速地设计被测程序的上层模块和下层调用模块。

▶ 任务工单

任务工单:动态测试 Java 程序单元

任务名称	动态测试 Java 程序单元				
组　　别		成员		小组成绩	
学生姓名				个人成绩	
任务目标	正确选择软件单元,合理设计驱动模块和桩模块对 Java 程序方法进行动态测试				
任务要求	按照任务要求,认真、仔细、耐心地分析软件程序的每个单元模块细节,具备细致、严谨、规范、全面、快速编写单元测试程序的职业素养,完成 Java 程序方法的动态单元测试				

续表

任务名称	动态测试 Java 程序单元				
组　　别		成员		小组成绩	
学生姓名				个人成绩	
资讯 （知识 梳理）					
计划 决策					
任务 实施					
任务 检查					
任务 评估					
思想 提升	《韩非子·喻老》中提到："千丈之堤，以蝼蚁之穴溃。"从这句话中，应如何理解"一个尽责的单元测试将会在软件开发的某个阶段发现很多的缺陷，并且修改这些缺陷的成本很低"？在软件开发阶段，为避免后期出现不必要的麻烦，你如何保证软件的质量				

> **任务准备**

活动 1　认识单元测试

1. 单元测试的概念

　　单元测试也称为模块测试，是指对软件中的最小可测试单元或基本组成单元进行检查和验证。一般要根据实际情况去判定单元测试中单元的具体含义：对于软件的代码，单元就是一个函数、方法或者类；对于软件的界面，单元就是一个窗口或菜单。通常而言，单元测试

微课 4-1
认识单元
测试

用于判断某个特定条件(或者场景)下某个特定函数的行为。如果将测试比作一台机器的清洗工作,那么单元测试就是清洗各个零件的内部。

2. 单元测试的目的

单元测试是小段代码,用于检验被测代码的一个很小的、很明确的功能是否正确。单元测试的作用是获取应用程序中可测软件的最小片段,将其同其他代码隔离开来,然后确定它的行为确实和开发者所期望的一致。显然,只有保证了最小单位的代码准确,才能有效构建基于它们之上的软件模块及系统。

单元测试由程序员自己来完成。程序员有确保自己编写的软件单元准确的责任,通过对自己编写的代码进行单元测试,能够大大提高代码和软件的质量。单元测试不但会使工作完成得更轻松,而且会令设计变得更好,甚至大大减少花在调试上的时间。

3. 单元选取原则

单元测试中选取的单元应具有明确的功能定义、性能定义以及连接其他部分的接口定义等,且应可以清晰地与其他单元区分开来。从某种意义上而言,单元的概念已经拓展为组件。

单元可以认为是人为规定的最小的被测功能模块。

① 对于 C 语言这类面向过程的开发语言,单元常指一个函数或一个子过程。在特殊情况下,若几个函数之间具有强耦合性,导致函数关系非常密切,则应将这几个函数共同作为一个单元来测试。

② 对于 C++、Java 或 C#等面向对象的开发语言,单元一般指一个类。然而,某些基础类可能非常庞大,涉及大量属性和方法,甚至需要几个开发人员来编码完成,那么将该类作为一个单元来测试并不合适,此时的测试将上升到集成测试的层面。

③ 图形化软件中,单元常指一个窗口或一个菜单。

4. 单元测试的任务

单元测试的任务如下。

① 单元功能测试;

② 单元接口测试;

③ 单元内部数据流测试;

④ 单元逻辑路径测试;

⑤ 单元可预见异常或出错条件测试。

5. 单元测试的依据

由于单元测试所测试的不仅仅是代码,还要测试接口、局部数据结构、独立路径、边界条件等,因此单元测试的主要依据是软件详细设计说明书。

活动 2　单元测试策略

1. 单元测试方法

单元测试过程中应综合应用各种黑盒测试和白盒测试方法。使用黑盒测试方法对被测单元进行功能测试,使用白盒测试方法对被测单元进行代码测试。

(1)静态测试技术

静态测试技术是指不运行被测程序本身,仅通过分析或检查源程序的语法、结构、接口等来检查程序的正确性,对需求规格说明书、软件设计说明书、源程序做结构分析、流程图分析、符号执行,从而找出欠缺和可疑之处,如不匹配的参数、不适当的循环嵌套和分支嵌套、不允许的递归、未使用过的变量、空指针的应用和可疑的计算等。静态测试结果可用于进一步的查错,并为测试用例的选取提供指导。

静态测试包括代码检查、静态结构分析、代码质量度量等。它可以由人工进行,充分发挥人的逻辑思维优势,也可以借助软件工具自动进行。代码检查包括代码走查、桌面检查、代码审查等,主要检查代码和设计的一致性、代码对标准的遵循、代码的可读性、代码逻辑表达的正确性、代码结构的合理性等方面,可以发现违背程序编写标准的问题、程序中不安全、不明确和模糊的部分,找出程序中不可移植部分、违背程序编程风格的问题(包括变量检查、命名和类型审查、程序逻辑审查、程序语法检查和程序结构检查等内容)。

(2)动态测试技术

动态测试技术是指通过运行被测程序,检查运行结果与预期结果的差异,并分析运行效率和健壮性等性能。这种技术由 3 部分组成:构造测试用例、执行程序、分析程序的输出结果。目前,动态测试也是测试工作的主要方式。

值得注意的是,并非所有单元都需要综合运用各种测试方法展开全面的单元测试。应根据被测单元的特点选用适合的测试方法。

静态测试和动态测试两者各有千秋,应配合使用。静态测试的代码分析结果适用于所有可能的运行情况,而动态测试由于总是针对特殊取值,因此仅能测试到程序的特定属性,即保证被测组件在其测试平台上对于特定输入是有效的。动态测试可以覆盖到程序各种前置条件和后置条件的组合,能够真实反映程序在特定运行期的运转情况,并能说明执行的常用路径,大大超过同期静态分析所能达到的范围。

2. 单元测试环境

单元测试一般不考虑每个模块与其他模块之间的关系,但单元本身并不是一个独立的程序,往往需要基于被测单元的接口开发相应的驱动模块和桩模块。因此,单元测试环境包括驱动模块和桩模块。

(1)驱动模块和桩模块定义

① 驱动模块模拟被测单元的上级模块,用于接收测试数据、启动被测模块和输出结果。

② 桩模块模拟被测单元所调用的模块。有时,需要使用子模块的接口才能进行数据操作,并验证输出信息。桩模块不包含原模块的所有细节。

(2)驱动模块和桩模块的使用条件

由于驱动模块和桩模块是为了对单元进行测试而引入的额外的代码,因此它们是不必且不应和最终的软件代码一起提交的,应在保证测试质量的前提下,尽量避免开发驱动模块和桩模块,从而降低测试工作量。设计驱动模块和桩模块时,一方面应考虑到测试结果的有效性取决于对目标环境(程序)的模拟程度,即设计驱动模块和桩模块时应满足测试用例需要的所有环境因素。另一方面,也应充分考虑测试过程的迭代性,提高驱动模块和桩模块的重用性,进而提高测试效率。

当需要模拟的单元比较简单时,如代码段很短、代码结构简单、不含复杂的循环和逻辑判断、不涉及复杂的动态内存分配和释放等,无需专门设计驱动模块或桩模块,可以直接与被测模块放在一起执行测试。但当被测单元较为复杂时,最好利用驱动模块或桩模块构建测试环境和运行程序。设计桩模块时,最好结合已有的测试用例来设计测试数据,使得桩模块能够正确模拟原始模块最重要的功能和数据;而设计驱动模块时,也应结合已有的测试用例的测试数据来驱动被测单元,从而降低设计和编写测试驱动程序的工作量。

(3) 构建单元测试环境

建立单元测试的环境需完成以下工作。

① 构造最小运行调度系统,即构造被测单元的驱动模块;

② 模拟被测单元的接口,即构造被测单元的桩模块;

③ 模拟生成测试数据及状态,即测试驱动程序,为被测单元运行准备动态环境。

(4) 驱动模块的设计

在大多数情况下,驱动模块的设计可根据其定义得到,步骤如下。

① 接收测试的输入数据。实现方式是将输入数据写在测试程序中,更好的策略是通过外部调用的方式从数据文件中依次读入数据。

② 将数据传递给被测单元,从而启动被测单元。实现方式是调用被测单元,同时利用参数传递将输入数据传给被测单元。

③ 打印和输出相关结果,利用与预期结果的比较来判断测试是通过还是失败。在允许的误差条件下,一致的结果表明测试通过,否则视为测试失败。执行结果可以直接输出到屏幕。

(5) 桩模块的设计

桩模块的设计可依照以下思路。

① 完成被模拟单元的基本功能,即针对特定的输入可以输出正确的结果。注意这里所谓的完成功能其实并非真正在模块内部去执行被模拟单元复杂的逻辑判断或计算过程,而是简单地将某些固定的执行结果输出。

② 符合被模拟单元的输入条件,参数个数、参数类型顺序等应与被模拟单元完全一致。

③ 有返回值。若有返回值,则应针对特定输入返回与被模拟单元完全一致的结果。

④ 不包含原单元的所有细节。原单元的输入情况可能是无限多的,所谓模拟意味将仅挑选其中典型的输入(如边界),给出已知的输出结果。

(6) 测试驱动程序的设计

测试驱动程序通过测试用例来驱动被测单元,以便于观察测试用例执行结果,查找缺陷的代码段。简单地说,测试驱动程序是能够执行测试用例或测试套包的软件程序或测试工具。测试驱动程序的设计步骤如下。

① 利用已有的测试用例,接收测试数据。

② 将测试数据传递给被测单元。

③ 输出测试用例的执行结果。

3. 单元测试的实现

（1）单元代码测试的方式

单元代码测试的方式主要包括如下几项。

① 在开发源代码中直接加入断点（和调试比较相似）；

② 向被测函数输入一些测试数据，观察实际执行情况与预期情况之间的差异；

③ 针对被测对象编写专门的测试代码，并专门对这些代码进行组织和管理。

（2）单元测试的原则

编写单元测试代码时，应遵循以下基本原则。

① 不要将测试用例的执行结果输出到屏幕；

② 将测试代码与开发代码分开，所有测试代码以 test 开头，测试代码分组放置；

③ 避免在一个独立的测试中进行多重声明；

④ 调用被测函数输入一些测试数据，观察实际执行情况与预期情况之间的差异。

任务实施

1. 测试以下程序段的正确性

```
int max(int x,int y){
    int z;
    if(x>y)
    z = x;
    else
    z = y;
    return z;
}
```

根据被测单元的情况，需要编写驱动模块，通过给定实参 5 和 8 来调用被测单元。具体操作步骤如下。

（1）需要创建一个驱动模块的类（Test. java），并将被测单元封装在独立的被测类中（Max. java），在驱动模块的类中创建被测类的对象，通过调用被测类对象的方法进行测试，以实现测试程序和被测程序的分离。

（2）将被测单元封装为一个类（Max. java）。

```
public class Max {
int max(int x,int y){
    int z;
    if(x>y)
```

```
        z = x;
        else
        z = y;
        return z;
    }
}
```

（3）编写驱动模块的类（Test.java）的代码。

```
public class Test{
public static void main (String[] args){
    int result;
    Max m = new Max();
    result = m.max(5,8);
    System.out.println("5 和 8 的最大值是:"+result);
}
}
```

运行结果如图 4-1 所示。

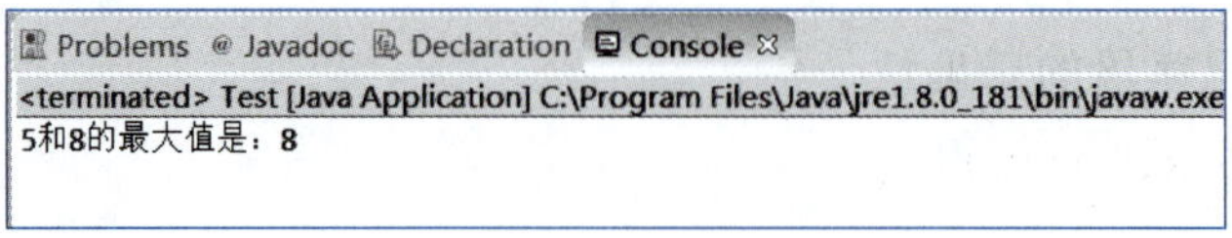

图 4-1　运行结果

2. 对下面的程序进行单元测试

```
public static void main(String[] args) {
    int year,leap1;
    Scanner input = new Scanner(System.in);
    System.out.println("请输入一个年份:");
    year = input.nextInt();
    leap1 = leapyear(year);
        if(leap1 = =1)
            System.out.println(year+" is a leap year.");
        else
            System.out.println(year+" is not a leap year.");
}
```

被测单元是一个主函数,需要构造被测单元的桩模块。可以通过构造一个 leapyear(int year)方法,使被测单元能顺利运行,从而测试该单元的正确性。

```
import java.util.Scanner;
```

122

```
public class LeapYear {
static int leapyear(int year){
    if(year%4==0&&year%100!=0||year%400==0)
        return 1;
    else
        return 0;
}
public static void main(String[] args) {
    int year,leap1;
    Scanner input=new Scanner(System.in);
    System.out.println("请输入一个年份:");
    year=input.nextInt();
    LeapYear m = new LeapYear();
    leap1=m.leapyear(year);
    if(leap1==1)
        System.out.println(year+" is a leap year.");
    else
        System.out.println(year+" is not a leap year.");
}

}
```

运行结果如图 4-2 所示。

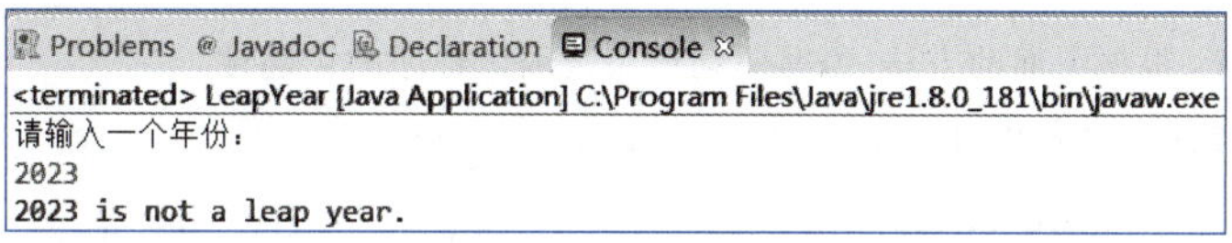

图 4-2　运行结果

任务拓展

当单元数量较多时,还应选择合适的单元测试策略,对单元进行有效的测试。

(1)自顶向下集成测试

自顶向下集成测试是一种构造程序结构的增量方法。模块集成的顺序从主模块开始,然后按照控制层次结构向下进行集成,把从属于主程序的模块按照一定的优先级集成到整个结构中去。自顶向下集成的整个过程分为下列 3 个步骤。

① 首先测试主程序的正确性。

② 按照一定的优先级,如可根据功能来划分模块的优先级,将各个模块逐个集成到软件中。

③ 对软件进行回归测试,即测试程序是否会由于新模块的引入而引入附加的错误。完

成步骤③之后,回到步骤②,直到所有模块被集成进来。

（2）自底向上集成测试

自底向上集成是从程序结构中最底层的模块开始进行构造和测试。运用该策略需要事先对软件进行合理的功能划分,并完成各功能模块的开发。自底向上的集成策略分为以下3个步骤。

① 对各功能模块进行较为完备的测试,对重点的模块进行重点测试。

② 将若干个可以完成特定功能的模块进行组合,形成主控模块下的一个分支,对组合后的功能模块进行测试。

③ 将组合之后的功能模块集成到主程序中,对整个程序进行测试。重复步骤②和③,直到所有的模块都被集成到主程序中,完成测试。

（3）独立的单元测试

独立的单元测试不考虑模块之间的关系,对每个模块进行独立的单元测试,因此需要为每个模块开发桩模块和驱动模块。但一般情况下,为了降低测试工作量,仅针对那些重要的、复杂的模块开发桩模块,且无需开发驱动模块,因为被测模块的测试驱动程序已具备驱动模块的功能。

实际上,独立测试是纯粹的单元测试,自顶向下和自底向上的策略是单元测试与集成测试的混合。独立测试是相对最好的一种单元测试策略。

 任务实训

任务单:动态测试 Java 程序单元实训任务单

任务名称	动态测试 Java 程序单元实训				
组　　别		成　员		小组成绩	
学生姓名		个人成绩			

实训任务	1. 根据下面的方法,编写驱动模块来测试程序的正确性。
	`float Max( float a,float b,float c){`
	　　`float t;`
	　　　`if(a>b){`
	　　　　`t=a;`
	　　　`}else{`
	　　　　`t=b;`
	　　　`}`
	　　　`if(c>t){`
	　　　　`t=c;`
	　　　`}`
	　　　`return t;`
	`}`					

任务名称		动态测试 Java 程序单元实训			
组　别		成　员		小组成绩	
学生姓名		个人成绩			

<table>
<tr>
<td rowspan="1">实训
任务</td>
<td colspan="5">

2. 根据下面的方法,编写桩模块来测试程序的正确性。

```
public class PrimeTest{
    public static void main(string[] args){
        Prime prime=new Prime();
        Scanner input=new Scanner(System.in);
        System.out.println("请输入一个整数:");
        int num=input.nextInt();
        Boolean result=prime.isPrime(num);
        System.out.println("运行结果:+result");
    }
}
```

</td>
</tr>
<tr>
<td>实训
目的</td>
<td colspan="5">

1. 准确阐释单元测试的基本概念;
2. 正确编写单元测试的基本方法;
3. 正确编写驱动模块测试程序;
4. 正确编写桩模块测试程序;
5. 认真、仔细、耐心地分析软件程序每个单元模块的细节,具备细致、严谨、规范、全面、快速编写单元测试程序的职业素养

</td>
</tr>
<tr>
<td>实训
要求</td>
<td colspan="5">

1. 做好实训预习,掌握并熟悉本实训中所使用的开发环境及相应的测试软件;
2. 提前掌握需要测试的案例的代码

</td>
</tr>
<tr>
<td>实训
标准</td>
<td colspan="5">

1. 编写单元测试驱动模块(30%);
2. 编写单元测试桩模块(30%);
3. 细致、严谨、规范、全面、快速编写单元测试程序(20%);
4. 实训报告(20%)

</td>
</tr>
<tr>
<td>实训
设备
工具</td>
<td colspan="5"></td>
</tr>
</table>

125

续表

任务名称	动态测试 Java 程序单元实训				
组　别		成　员		小组成绩	
学生姓名		个人成绩			
实训 过程 步骤					
实训 结果					
实训 总结					

任务 2　使用 JUnit 测试 Java 程序

▶▶ 任务描述

本任务通过编写简单计算器中加、减、乘、除功能的测试代码,了解单元测试的基本概念和 JUnit 单元测试工具,掌握 JUnit 的安装,熟悉使用 Eclipse 和 JUnit 进行简单测试用例的编写和运行,为后面 JUnit 框架的理解和使用提供基础。

　　JUnit 是 Java 最主要的单元测试框架,学习和理解单元测试的基本概念,能帮助学生进一步理解 JUnit 的基本概念。在理解 JUnit 的基础上,本任务要求学生进一步掌握使用 Eclipse 编写单元测试代码的流程。

　　在实际操作的过程中,学生应养成良好的代码编写习惯,编写质量较高的测试程序和被测程序,以方便代码审查和技术交流,降低软件的维护成本。

 任务工单

任务工单:使用 JUnit 测试 Java 程序

任务名称	使用 JUnit 测试 Java 程序				
组　　别		成员		小组成绩	
学生姓名				个人成绩	
任务 目标	正确下载与安装 JUnit;使用 Eclipse 编写正确的 JUnit 单元测试程序;正确应用 JUnit 单元测试工具				
任务 要求	按照任务要求,编写代码规范、质量较高的测试程序;熟练使用 JUnit 测试框架工具,编写和运行可重复的测试				
资讯 (知识 梳理)					
计划 决策					
任务 实施					
任务 检查					

续表

任务名称	使用 JUnit 测试 Java 程序			
组　别		成员	小组成绩	
学生姓名			个人成绩	
任务评估				
思想提升	《孟子》中提到:"不以规矩,不能成方圆。"从这句话中,应如何理解编码规范的重要性? 在软件开发阶段,为方便代码审查,降低软件的维护成本,应如何编写规范的软件程序代码			

任务准备

活动 1　认识 JUnit

1. 认识 JUnit

单元测试在软件开发中变得越来越重要,因此,一个简明易学、适用广泛和高效稳定的单元级测试框架对成功实施测试有着至关重要的作用。

在 Java 编程环境中,JUnit 是一个已经被多数 Java 程序员采用和证实的优秀测试框架。开发人员只需要按照 JUnit 的约定编写测试代码,就可以对被测试代码进行测试。

微课 4-2
熟悉 JUnit

JUnit 是一个简洁、实用、经典且开源的单元测试框架,1997 年由 Erich Gamma 和 Kent Beck 创建。1999 年以来,JUnit 已经发展成业界标准的 Java 测试和设计工具,这个框架所体现的概念被抽象成 XUnit 框架,并被移植到 30 多种语言和环境中。

2. JUnit 特性

① 使用断言方法判断期望值和实际值的差异,返回布尔值。

② 测试驱动设备使用共同的初始化变量或者实例。

③ 测试代码和产品代码分离,便于组织和维护。

④ 支持图形交互模式和文本交互模式。

3. JUnit 的优点

(1) JUnit 是开源工具

用户不仅可以免费使用 JUnit,还可以在许多实际项目中找到引用示例。由于 JUnit 开放源代码,开发者还可以根据需要扩展 JUnit 的功能。

(2) JUnit 可以将测试代码和产品代码分开

在软件产品发布时,开发者一般希望只交付用户能够稳定运行的产品代码,将测试代码和产品代码分开即可达到这一目的。将测试代码和产品代码分开维护可以避免代码发生混乱。

（3）JUnit 的测试代码非常容易编写且功能强大

一般情况下,开发者更愿意将大量的时间花费在功能的实现上,因此简单而功能强大的测试代码就显得非常重要。在 JUnit 4.0 以前的版本中,所有的测试用例都必须继承 TestCase 类,并且使用"Test+被测试方法名"的方式命名。在 JUnit 4.0 及其以后的版本中,可以使用 JDK 5.0 的注解功能,只需在方法体前使用@Test 表明该方法是测试方法即可,这使得测试代码的编写更加简单。

（4）JUnit 自动检测测试结果并且提供及时的反馈

JUnit 的测试方法可以自动运行,并且可以使用以 Assert 为前缀的方法自动对比开发者的期望值和被测方法的实际运行结果,然后返回给开发者一个测试成功或者失败的简明测试报告。这样就无需人工对比期望值和实际值,在保证质量的同时提高了软件的开发效率。

（5）易于集成

JUnit 易于集成,可以在软件的构建过程中完成对程序的单元测试。最典型的应用就是将 Ant 和 JUnit 相结合进行软件的增量开发。其主要过程是,首先根据软件的功能需求编写测试用例,然后使用 Ant 的 JUnit 任务将测试用例的执行集成到 Ant 的构建文件中,并设置生成的测试报告类型。这样在使用 Ant 构建软件的过程中就可以自动运行测试用例,并按照开发者指定的类型生成测试报告。

（6）便于组织

JUnit 的测试包的结构便于组织和集成运行,并且支持图形交互模式和文本交互模式。

4. JUnit 的下载和安装

JUnit 以 jar 包的方式分发,因此它的下载和安装是很容易的,只需要到 JUnit 的官方网站下载 JUnit 最新版本的安装程序。截至目前,JUnit 官方的最新稳定版本是 JUnit 4.12。JUnit 后续即将发行的 JUnit 5,将全面支持 Java 8 的一些新特性,如 lambda 表达式等。

将下载得到的 junit.jar 加入 CLASSPATH 环境变量即可使用 JUnit,如果使用 Eclipse 工具,则可以在项目属性的 Build Path 中单击"Add Library"选项,选择 JUnit 的 jar 包即可。

注意,不要将 JUnit 和 JDK 安装到同一个目录,否则可能找不到被测类。

活动 2　JUnit 的基本应用

1. 编写计算器程序的代码

为了更好地理解如何使用 JUnit 编写测试用例,本案例使用一个简化的计算器进行说明。该计算器只实现两个整数的加、减、乘、除功能,并且未考虑除数为 0 的情况,代码如下。

```java
public class Calculator {
public int add(int a,int b) {
```

微课 4-3
应用 JUnit
的基本功
能

```
    return a + b;
    }
public int substrate(int a,int b) {
    return a-b;
    }
public int multiply(int a,int b) {
    return a*b;
    }
public int divide(int a,int b) {
    return a/b;
    }
}
```

2. 编写计算器程序的测试代码

一个简单计算器的 JUnit 4 的测试代码如下。

```
package junit.demo;
import static org.junit.Assert.*;
import org.junit.Test;
public class CalculatorTest {
@Test
public void testAdd() {
    Calculator calculator=new Calculator();
    int result=calculator.add(3,2);
    assertEquals(5,result);
    }
}
```

第 1 行:定义测试类所在的包。

第 2、3 行:引入 JUnit 测试类必需的 jar 包。

第 4 行:定义一个测试类 CalculatorTest。

第 5 行:用 JUnit 的注解@Test 注明下面的方法为一个测试方法。

第 6 行:定义一个测试方法,方法名可自定义,一般以 Test 开头。

第 7 行:遵循对象测试的风格,创建对象。

第 8 行:测试计算器的 Add( )的方法。

第 9 行:用断言比较调用 Add( )方法之后的返回值和期望值是否一致。

这个例子虽然简单,但是展示了 JUnit 4 测试用例的基本结构。

① JUnit 的一个测试用例对应一个测试方法,即一个函数。要创建测试,必须编写对应的测试方法。

② JUnit 4 的测试是基于注解的,每个测试方法前面都要加上@ Test 注解。

③ 每个测试方法要做一些断言。断言主要用于比较实际结果与期望结果是否相符。上面的例子中,如果返回值不等于 5,断言失败,整个测试用例运行的结果就是失败,否则表示这个测试用例通过。

3. 运行测试用例

完成测试代码的编写之后,接下来就是运行测试用例。JUnit 4 提供 3 种不同的运行器来执行测试用例:文本方式、AWT 方式和 Swing 方式。大多数情况下,AWT 方式完全不如 Swing 方式。

在 JUnit 4 中,文本运行器由 junit. textui. TestRunner 类实现,它以文本的方式在控制台上报告测试结果。如要用这种方式执行测试代码,则在 Windows 平台执行以下命令:

```
Java - cpjunit.jar junit.textui.TextRunner edu.niit.junit.demo.
CalculatorText
```

如果使用 Swing 运行器,则在 Windows 平台输入:

```
Java - cpjunit.jar junit.swingui.TextRunner edu.niit.junit.demo.
CalculatorText
```

▶▶ 任务实施

1. JUnit 的下载与安装

JUnit 工具的 jar 包可以从官网进行下载。

JUnit 是以 jar 文件的形式发布的,其中包括了所有必需的类。安装 JUnit,就是把 jar 文件放到编译器能够找到的地方,如果不使用 IDE,而是从命令行直接调用 JDK,则必须在 CLASSPATH 中写入 JUnit 的 jar 包所在的路径。简单来说,就是解压下载的压缩文件到指定文件夹,并将 JUnit. jar 包加入 CLASSPATH 中即可完成安装。

需要注意的是,由于目前使用 Java 语言进行编码工作时,使用的 IDE 基本都为 Eclipse,而 Eclipse 集成了 JUnit,因此无须单独安装。

2. 对一个 Java 类进行单元测试

以上述计算器为例,该被测单元为一个完整的 Java 类,包含了 4 种方法。使用 Eclipse 编写 JUnit 单元测试的具体实施过程如下。

（1）在 Eclipse 中引入 JUnit

① 在 Eclipse 中依次单击"File"菜单→"New"→"Java Project"选项,新建一个 Java 项目,打开"New Java Project"对话框,将项目命名为"JUnitTestDemo",如图 4-3 所示。单击"Finish"按钮,关闭对话框。

② 右击项目名称"JUnitTestDemo",在弹出的快捷菜单中依次选择"Bulid Path"→"Configure Bulid Path"选项,从弹出的"JUnitTestDemo"对话框中选择"Add Libraries"选项卡,弹出"Properties for JUnitTestDemo"对话框,如图 4-4 所示。

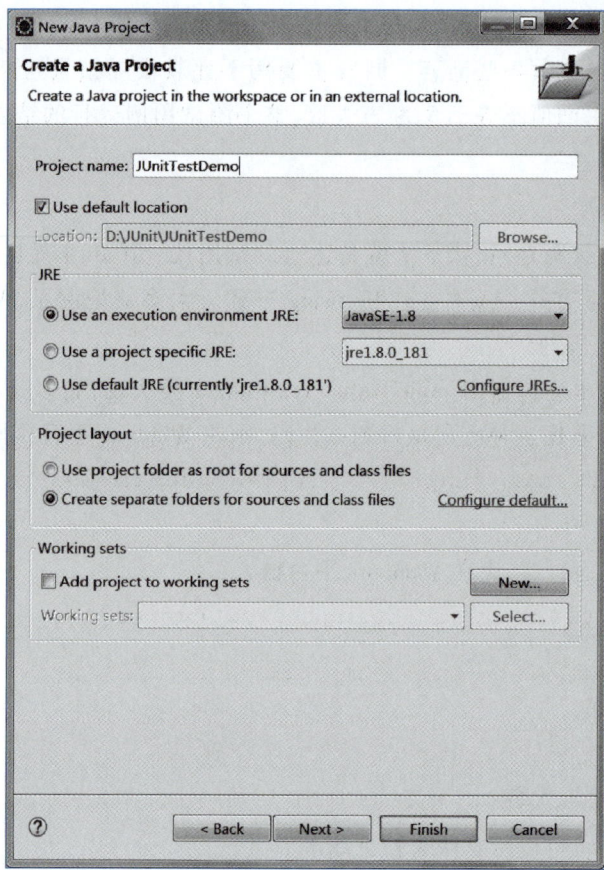

图 4-3　创建 Java 项目

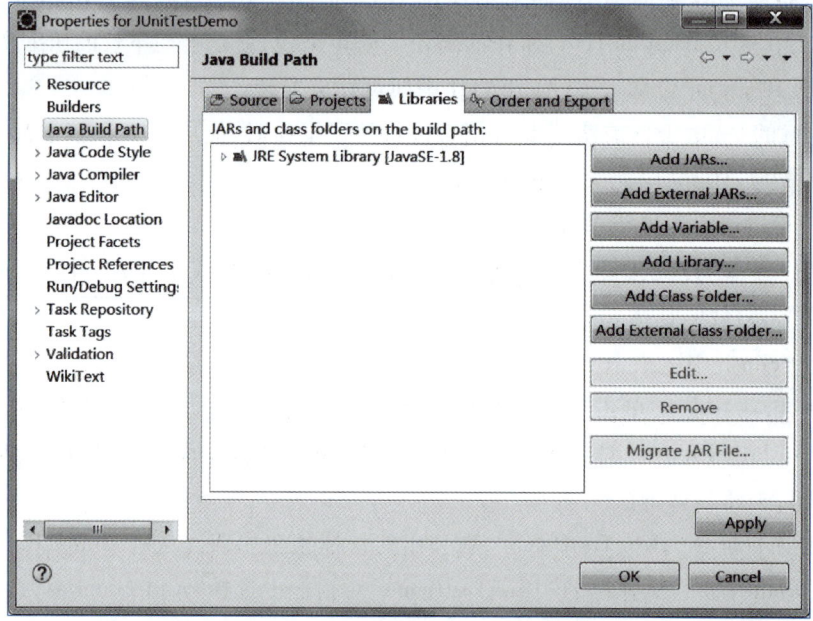

图 4-4　"Properties for JUnitTestDemo"对话框

③ 单击"Add Library"按钮,在弹出的"Add Library"对话框中选择"JUnit"选项,如图 4-5 所示。

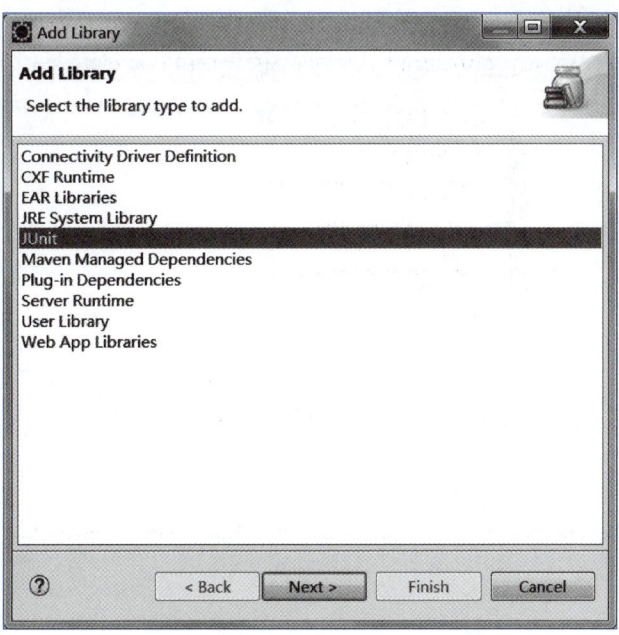

图 4-5　添加 JUnit 库对话框

④ 单击"Next"按钮,在下拉列表框中选择版本"JUnit 4",如图 4-6 所示。单击"Finish"按钮,这样既可将 JUnit 引入到当前项目库中。

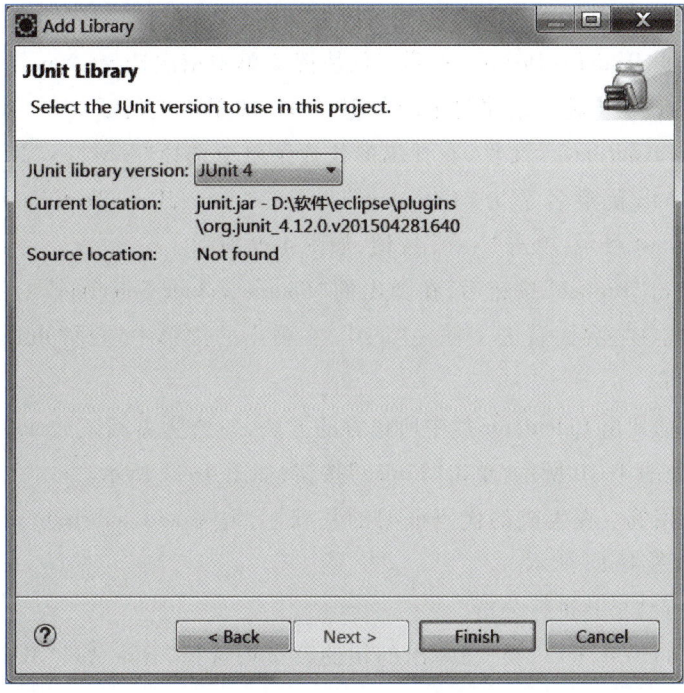

图 4-6　选择 JUnit 版本

（2）在 Java 项目中编写被测单元程序

右击"src"，在弹出的菜单中选择"New"→"Class"选项，在弹出的"New Java Class"对话框中输入类的名字"Calculator"，单击"Finish"按钮。编写被测单元程序，如图 4-7 所示。

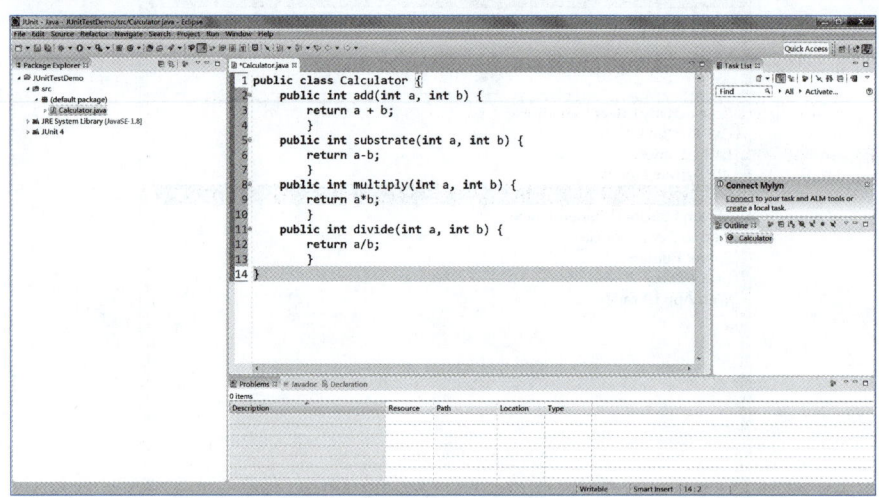

图 4-7　编写被测单元程序

（3）编写 JUnit 测试用例

① 新建单元测试代码目录。单元测试代码不会出现在最终软件产品中，所以一般要分别为单元测试代码和被测代码创建单独的目录，并保证测试代码和被测代码使用相同的包名，这样既保证了代码分离，又保证了查找的方便。

右击项目名称"JUnitTestDemo"，在弹出的快捷菜单中依次选择"New"→"Folder"选项，在"New Folder"对话框中输入新建目录的名字"test"，如图 4-8 所示。

② 右击"Calculator. java"文件，在弹出的快捷菜单中选择"New"→"JUnit Test Case"选项，系统会自动弹出新建名字为"CalculatorTest"的"New JUnit Test Case"对话框，设置"Source folder"为 test 目录，单击"Next"按钮，如图 4-9 所示。

注意，如果单击"Browse"按钮后，在弹出的"Source Folder Selection"对话框中没有出现"test"文件夹，只需在主界面右击文件夹"test"，在弹出的菜单中选择"Build path"→"Using source folders"即可。

③ 系统会自动列出 Calculator 类中所包含的方法，勾选所需测试的 add、substrate、multiply、divide 方法，如图 4-10 所示，单击"Finish"按钮，如图 4-11 所示。

④ 编写测试用例。在生成的代码框架的基础上，编写 add、substrate、multiply、divide 方法的测试代码，如图 4-12 所示。

（3）查看运行结果并进行分析

右击"CalculatorTest. Java"类，在弹出的快捷菜单中选择"Run As""JUnit Test"命令，或者单击工具栏上的 按钮，运行测试代码。界面左侧的进度条呈绿色，提示测试运行通

图 4-8　新建目录

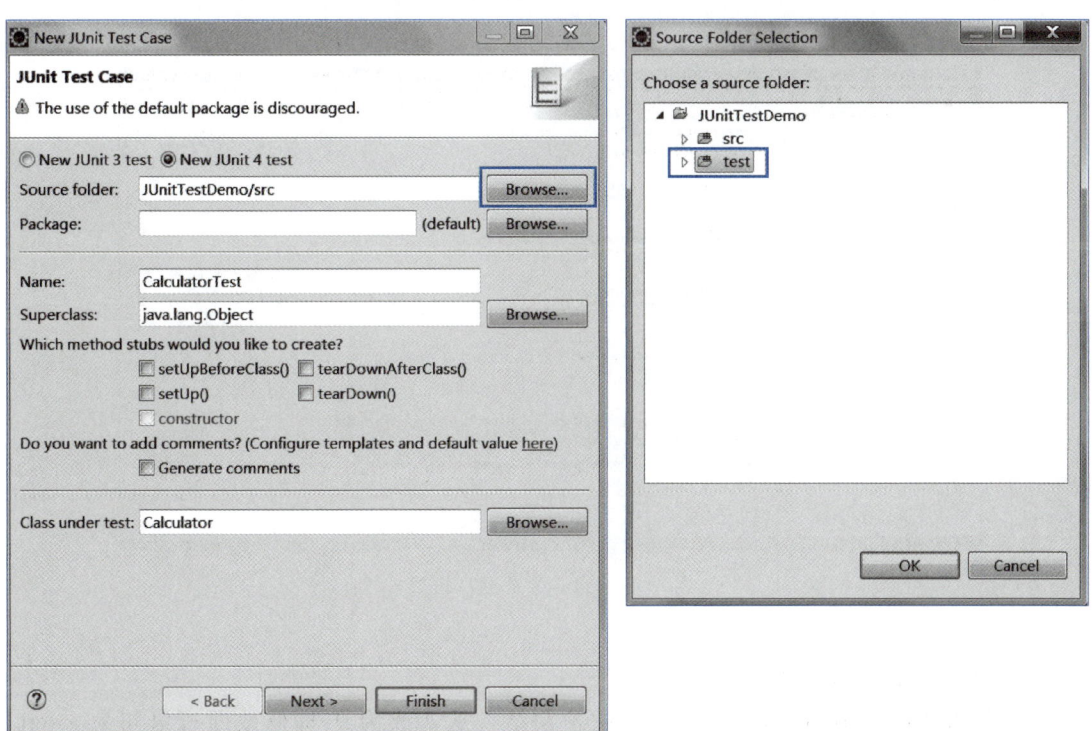

图 4-9　新建 JUnit 测试用例

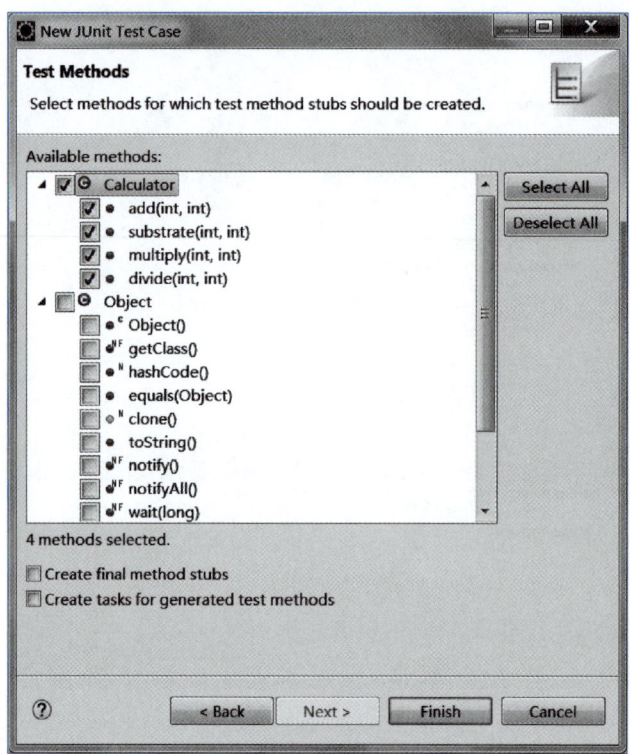

图 4-10　选择需要测试的方法

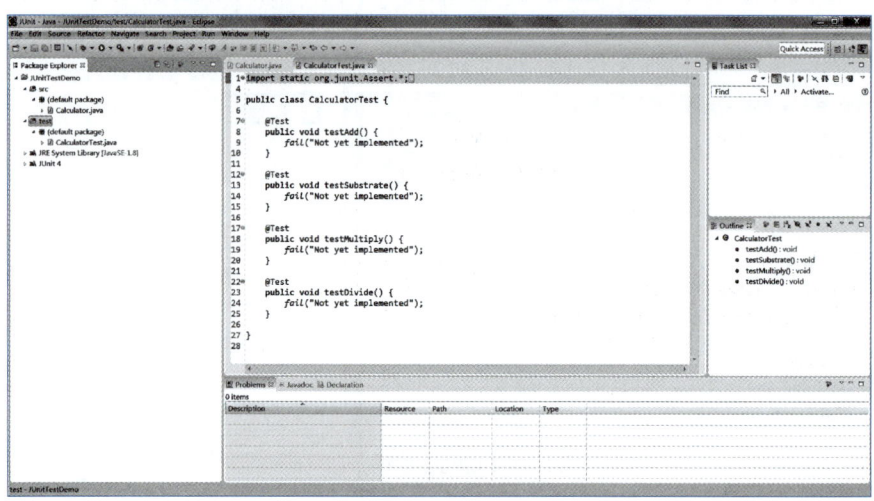

图 4-11　自动生成测试框架

过,运行结果如图 4-13 所示。

　　若将测试代码中的 testAdd( )方法的预期结果从 7 改为 9,即修改断言语句为 assert Equals(9,result),然后重新运行测试,则会因为实际结果和预期结果不同而测试失败,如图 4-14 所示。

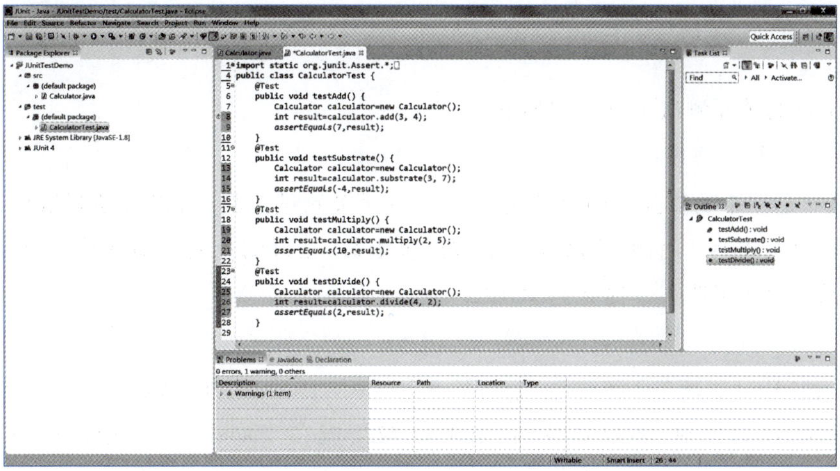

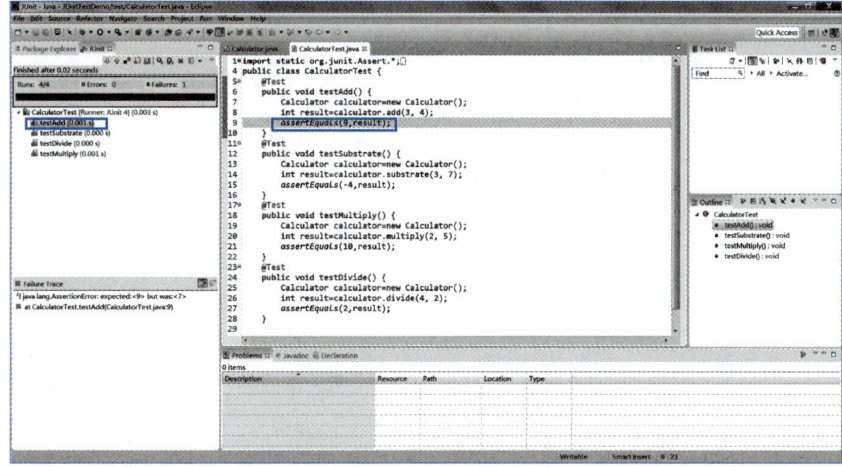

图 4-12　测试用例代码

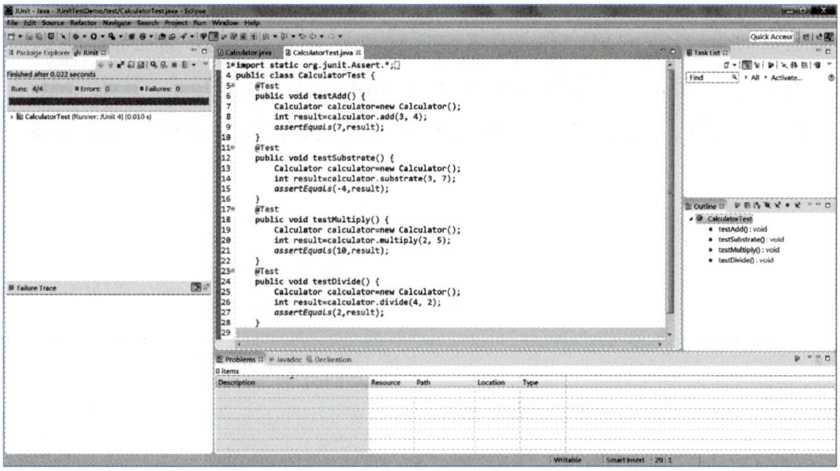

图 4-13　测试用例运行结果正确

图 4-14　测试用例运行结果失败

任务拓展

其他常见的单元测试工具介绍如下。

1. C/C++语言开发的首选利器——C++Test

C++Test 是一个功能强大的自动化 C/C++单元级测试工具,可以自动测试任何 C/C++函数、类,自动生成测试用例、测试驱动函数或桩函数,在自动化的环境下能够极其容易、快速地将单元级的测试覆盖率提高到 100%。

2. Net 环境单元测试的首选利器——nUnit

nUnit 是 XUnit 家族的第 4 个主打产品,使用 C#语言编写,并且编写时充分利用了许多.NET 的特性,比如反射、客户属性等。onUnit 被集成在 Visual Studio 中,适合所有.NET 语言。

3. 常见的 Python 单元测试框架——Unittest

Unittest 是 Python 自带的单元测试框架,它提供了创建测试用例功能、测试套件及批量执行的方案,使用该框架前,需要使用 import unittest 命令进行导入。该框架还适用于 Web 自动化测试用例的执行,并且提供了丰富的断言方法,能够判断测试用例是否通过,返回测试结果。

任务实训

任务单:动态测试 Java 程序单元实训任务单

任务名称	动态测试 Java 程序单元实训				
组　别		成　员		小组成绩	
学生姓名		个人成绩			

实训
任务
	编写以下代码的单元测试。
	`public class NumberUtil {`
	　　`/*判断输入的数字是否为素数*/`
	　　`public Boolean isPrime(int num){`
	　　　　`for(int i=2;i<=Math.sqrt(num);i++){`
	　　　　　　`if(num % i==0)`
	　　　　　　`return false;`
	　　　　`}`
	　　　　`return true;`
	　　`}`
	　　`/*判断输入的数字是否满足能被 7 或 9 整除但不能被 2 或 5 整除*/`
	　　`public Boolean isDivisible(int num){`
	　　`if(((num%7==0)||(num%9==0))&&(num%5!=0&&num%2!=0)){`
	　　　　`return true;`				

续表

任务名称			动态测试 Java 程序单元实训			
组　别			成　员		小组成绩	
学生姓名		个人成绩				

实训
任务
	`} else {`
	　　　`return false;`
	　　`}`
	　`}`
	`}`					

实训 目的	1. 正确下载安装 JUnit； 2. 熟练使用 JUnit 编写测试用例； 3. 正确编写测试程序； 4. 正确分析测试结果； 5. 编写规范的测试程序和被测程序。					
实训 要求	1. 做好实训预习,掌握并熟悉本实训中所使用的开发环境及相应的测试软件； 2. 提前掌握需要测试的案例的代码编写					
实训 标准	1. 下载安装 JUnit(20%)； 2. 编写 JUnit 测试用例(30%)； 3. 分析测试结果(10%)； 4. 测试程序和被测程序的规范性(20%)； 5. 实训报告(20%)					
实训 设备 工具						
实训 过程 步骤						

续表

任务名称	动态测试 Java 程序单元实训				
组　别		成　员		小组成绩	
学生姓名		个人成绩			
实训 结果					
实训 总结					

任务 3　使用 JUnit 测试"计算每月多少天"程序

▶▶ 任务描述

　　JUnit 4 是一个全新的框架,它充分利用了 Java 5 的注解,使测试更为简单快捷。本任务将利用计算每月天数的案例,完成 JUnit 4 的测试用例的编写,掌握 JUnit 的测试框架和核心类(TestCase、TestSuite、TestRunner 和 Assert)的应用,以及它们如何共同工作,完成测试用例的编写和运行。

　　通过本任务的学习,学生应具备自主学习、归纳总结及处理实际问题的能力。面对单元测试效率和全面两难问题时,能够充分利用 JUnit 4 的特性,基于软件系统实际问题,灵活设计单元测试解决方案和测试用例,熟练地使用单元测试工具。

任务工单

任务工单：使用 JUnit 测试"计算每月多少天"程序

任务名称	使用 JUnit 测试"计算每月多少天"程序				
组　　别		成员		小组成绩	
学生姓名				个人成绩	
任务 目标	充分利用 JUnit 特性、JUnit 4 常用注解和测试套件等，正确、快速地实现对软件程序的单元测试				
任务 要求	面对单元测试效率和全面难以两全的问题时，充分利用 JUnit 4 的特性，基于软件系统的实际问题，灵活设计单元测试解决方案和测试用例，熟练地使用单元测试工具				
资讯 （知识 梳理）					
计划 决策					
任务 实施					
任务 检查					
任务 评估					
思想 提升	《周易·系辞下》提到："穷则变，变则通，通则久。"从这句话中，应如何理解"面对单元测试效率和全面难以两全的问题时，灵活变通地设计单元测试解决方案和测试用例"？在进行单元测试时，如何又快又好地保证软件质量				

微课 4-4
使用 JUnit
进行软件
测试

任务准备

活动1 JUnit 核心类

1. JUnit 的核心类与接口

当需要编写更多的测试用例时,可以创建更多的 TestCase 对象。当需要一次执行多个 TestCase 对象时,可以创建另一个称为 TestSuite 的对象。为了执行 TestSuite,需要使用 TestRunner。

① TestCase(测试用例):继承了 JUnit 的 TestCase 类,以"test+名称"的形式命名测试方法,包含一个或多个测试。一个 TestCase 把具有公共行为的测试归入一组。当提到"测试"时,指的是一个"test+名称"测试方法,当提及 TestCase 时,指的是一个继承自 TestCase 的类,也就是一组测试。

② TestSuite(测试集合):一组测试。使用 TestSuite 便于把多个相关测试归入一组。如果没有为 TestCase 定义一个 TestSuite,那么 JUnit 就会自动提供一个 TestSuite 来包含 TestCase 中所有的测试(稍后会详细介绍)。

③ TestRunner(测试运行器):执行 TestSuite 的程序。JUnit 提供了几个测试运行器来执行测试。JUnit 没有提供 TestRunner 接口,只提供了一个所有 TestRunner 都继承的 BaseTestRunner 类,因此,编写的 TestRunner 实际上是继承 BaseTestRunner 的 TestRunner 类。

这 3 个类是 JUnit 框架的骨干。一旦理解了 TestCase、TestSuite 和 BaseTestRunner 的工作方式,就可以随心所欲地编写测试,在正常情况下,只需要编写 TestCase,其他类会自动完成。这 3 个类和另外 4 个类紧密配合,形成了 JUnit 框架的核心,表 4-1 归纳了 JUnit 核心类及接口的功能。

表 4-1　JUnit 核心类及接口(接口用斜体表示)的功能

类/接口	功能
Assert	当条件成立时,Assert 方法保持沉默,但若条件不成立就抛出异常
TestResult	包含了测试中发生的所有错误或者失败
Test	把结果传递给 *TestResult*
TestListener	测试中若产生事件(开始、结束、错误、失败)会通知 *TestListener*
TestCase	TestCase 定义了可以用于运行多项测试的环境(或者说固定设备)
TestSuite	TestSuite 运行 TestCase 组。一个 TestSuite 可能包含其他 TestSuite
BaseTestRunner	用来启动测试的用户界面,BaseTestRunner 是所有 TestRunner 的超类

2. JUnit 的其他类与接口

（1）Test 接口

Test 接口是 TestCase、TestSuite 的共同接口，用于运行测试和收集测试结果。该接口使用了 Composite 设计模式。

可以使用 run（TestResult result）方法来运行 Test，并且将结果保存到 TestResult。

（2）TestResult（测试结果）

TestResult 类收集并报告 TestCase 的执行结果。若测试成功，那么 TestResult 报告正确，进度条显示为绿色，否则 TestResult 就会报告失败，并输出失败的测试数目和它的堆栈轨迹。

JUnit 区分失败和错误。失败是可预测的，代码中的改动有时会造成断言失败，只要修改代码，断言就可以再次通过；但是错误（比如常规程序抛出的异常）则是测试时不可预测的。当然，错误可能只意味着测试在支持环境中失败，而不是测试本身失败。当遇到错误时，正确的分析步骤是：

① 检查环境（如数据库是否正常运行，网络是否正常等）。

② 检查测试用例。

③ 检查代码。

（3）TestListener 接口

JUnit 框架提供了 TestListener 接口，以帮助对象访问 TestResult 并创建有用的报告。TestRunner 实现了 TestListener，很多特定的 JUnit 扩展也实现了 TestListener。JUnit 允许注册任意数量的 TestListener，这些 TestListener 可以根据 TestResult 提供的信息执行动作。

虽然 TestListener 接口是 JUnit 框架的重要部分，但是编写测试代码时不必实现这个接口。

3. TestCase

概括地说，JUnit 的工作过程就是由 TestRunner 来运行包含一个或多个 TestCase（或者其他 TestSuite）的 TestSuite。由于 JUnit 框架附带了可以立即投入使用的图形界面和文本界面（TestRunner），还可以生成默认的 TestSuite，所以常规工作中，必须由测试人员编写的类只有 TestCase。典型的 TestCase 包含两个主要部件：fixture 和单元测试。

（1）用 fixture 管理资源

把通用的资源配置代码放在测试中并不是一个好主意，因为测试人员只需要一个稳健的外部环境，在这个环境中进行测试。运行测试所需要的这个外部资源环境通常称为 Test fixture。

fixture 是运行一个或多个测试所需的公用资源或数据集合。

TestCase 通过 setUp 和 tearDown 方法来自动创建和销毁 fixture。TestCase 会在运行每个测试之前调用 setUp，并且在每个测试完成之后调用 tearDown。把不止一个测试方法放进同一个 TestCase 的一个重要理由就是可以共享 fixture 代码。

应用 fixture 的一个典型例子就是数据库链接。如果一个 TestCase 包括多个对数据库的测试,那么每个测试都需要新建一个数据库链接。通过 fixture 可以很容易地为每个测试开启一个新链接,而不必重复编写代码。

（2）TestCase 方法

除了 Assert 提供的方法之外,TestCase 还实现了 10 个自己的方法。表 4-2 概括了 10 个 Assert 接口没有提供的 TestCase 方法。在实践中,很多 TestCase 都会用到 setUp 和 tearDown 方法。

表 4-2　TestCase 的方法列表

方法	描述
countTestCase	计算 run() 所执行的 TestCase 的数目
createResult	创建默认的 TestResult 对象
getName	获得 TestCase 的名字
run	运行 TestCase 并收集 TestResult 中的结果
runBare	运行测试序列(比如自动发现 Test 方法)
runTest	重载以运行测试并断言其状态
setName	设置 TestCase 的名字
setUp	初始化资源配置
tearDown	清除资源配置
toString	返回 TextCase 的字符串表示

4. JUnit 断言

Assert 是 JUnit 框架的一个静态类,包含一组静态的测试方法,用于比较实际值是否符合期望值。如果测试失败,Assert 类就会抛出一个 AssertionFailedError 异常,JUnit 将这种错误归入失败并加以记录,同时标记为未通过测试。如果在该类方法中指定一个 String 类型的参数,则该参数将被作为 AssertionFailedError 异常的标识信息,告诉测试人员该异常的详细信息。

JUnit Assert 类提供了 6 大类 38 个断言方法,包括基础断言、数字断言、字符断言、布尔断言、对象断言等。其中,8 个核心断言方法见表 4-3。

表 4-3　Assert 类提供的 8 个核心方法

方法	描述
assertTrue	断言条件为真。若不满足,方法抛出带有相应信息(如果有)的 AssertionFailedError 异常
assertFalse	断言条件为假。若不满足,方法抛出带有相应信息(如果有)的 AssertionFailedError 异常
assertEquals	断言两个对象相等。若不满足,方法抛出带有相应信息(如果有)的 AssertionFailedError 异常

续表

方法	描述
assertNotNull	断言对象不为 null。若不满足,方法抛出带有相应信息(如果有)的 AssertionFailedError 异常
assertNull	断言对象为 null。若不满足,方法抛出带有相应信息(如果有)的 AssertionFailedError 异常
assertSame	断言两个引用指向同一个对象。若不满足,方法抛出带有相应信息(如果有)的 AssertionFailedError 异常
assertNotSame	断言两个引用指向不同对象。若不满足,方法抛出带有相应信息(如果有)的 AssertionFailedError 异常
fail	强制测试失败,并给出指定信息

其中 assertEquals(Object expected,Object actual)的内部逻辑判断使用 equals 方法,这表明该断言判断两个实例的内部哈希值是否相等,最好使用该方法对相应类实例的值进行比较。

assertSame(Object expected,Object actual)的内部逻辑判断使用了 java 运算符"＝＝",这表明该断言判断两个实例是否来自同一个引用(reference),最好使用该方法对不同类的实例的值进行比较。

assertEquals(String message,String expected,String actual)对两个字符串进行逻辑比对,如果不匹配则显示这两个字符串有差异的地方。

活动 2　JUnit 测试套件

1. 运行自动的 TestSuite

TestSuite 测试包类实现了 Test 接口。测试类中可能包括了多个 TestCase,TestSuite 可以保存这些 TestCase 并负责收集这些测试的结果,这样一个 Suite 就能运行多个对被测类的测试。

在上文的简易计算器案例中并没有定义 TestSuite,这个例子是怎样运行起来的呢? 若没有定义 TestSuite,TestRunner 会自动创建一个。

默认的 TestSuite 会扫描测试类,找出所有以 test 开头的方法。默认的 TestSuite 在内部为每个以 test 开头的方法创建一个 TestCase 用例,并将要测试的方法的名称传递给 TestCase 的构造函数,这样每个用例就有了一个独一无二的标识。

对于 CalculatorTest 而言,默认的 TestSuite 可以用以下代码表示:

```
Public static Test suite(){
return new TestSuite(CalculatorTest.class);}
```

这就相当于:

```
Public static Test suite(){
```

微课 4-4
使用 JUnit
进行软件
测试

```
TestSuite suite = new TestSuite();
suite.addTest (new CalculatorTest ("testAdd"));
return suite;}
```

JUnit 4 把这个构造函数变成了可有可无的,所以案例中 CalculatorTest 类的源代码中没有包含它。现在大多数开发者依赖自动 TestSuite,很少会创建自己的 Suite,所以可以忽略这个构造函数。

2. 编写自己的 TestSuite

默认 TestSuite 的设计目的是让用户可以轻松应付简单情形,但若它不能满足用户需要,又该怎么办呢？此时,可以组合多个 Suite 把它们作为主 Suite 的一部分。这些 Suite 来自几个不同的包。

在很多情况下可能要运行多个 Suite 或者在一个 Suite 中选一些测试来执行。即便是 JUnit 框架自身也面临一种特殊情况:测试自动 Suite 的功能。JUnit 框架需要创建自己的 Suite 来完成上述功能。

通常情况下,AllTests 类仅仅包括一个静态的 Suite 方法,这个方法用于注册应用程序需要定期执行的所有的 Test 对象(包括 TestCase 对象和 TestSuite 对象),以下代码展示了一个典型的 AllTests 类。

```
public class AllTests extends TestCase{
public static Test suite(){
    TestSuite suite = new TestSuite (AllTests.class.getName());
    suite.addTestSuite (CalculatorTest.class);
    return suite;
}
}
```

使用 TestSuite 处理测试用例需符合以下 6 个规则,否则会被拒绝执行测试。
① 测试用例必须是公有类(public);
② 测试用例必须继承于 TestCase 类;
③ 测试用例的测试方法必须是公有的(public);
④ 测试用例的测试方法必须被声明为 void;
⑤ 测试用例的测试方法的前置名词必须是 test;
⑥ 测试用例的测试方法无任何传递参数。

活动 3　探究 JUnit 4

1. 认识 JUnit 4 注解

JUnit 3 通过测试类和测试方法的命名来确定是否为测试,且所有的测试类必须继承 JUnit 的测试基类。在 JUnit 4 中,定义一个测试方法变得简单很多,只需要在方法前加上 @Test 即可。JUnit 4 注解(Annotation)的使用方法是“@注解名”,能通过简单的词语来实现一些功能。

2. 常用注解

在 JUnit 中常用的注解有 @ Test、@ Ignore、@ BeforeClass、@ AfterClass、@ Before、@ After、@ Runwith、@ Parameters。

（1）@ Test

@ Test 表明这是一个测试方法,在 JUnit 中将会自动被执行。对于测试方法的声明有如下要求:名字可以随意取,但返回值必须为 void 类型,而且不能有任何参数。如果违反这些规定,会在运行时抛出一个异常。

@ Test 的示例代码如下。

```
@ Test
public void testAdd() {
    Calculator calculator = new Calculator();
    int result = calculator.add(3,4);
    assertEquals(7,result);
}
```

（2）@Before

@Before 表明这是一种初始化方法,在任何一个测试执行之前必须执行的代码,与 JUnit 3 中的 setUp()方法具有相同的功能。格式:@ Before public void method()。示例代码如下。

```
@ Before
public void setUp() throws Exception {
    Calculator calculator = new Calculator();
}
```

（3）@After

@After 表明这是一种释放资源的方法,在任何测试执行之后需要进行的收尾工作。与 JUnit 3 中的 tearDown()方法具有相同的功能。格式:@ After public void method()。示例代码如下。

```
@ After
public void tearDown() throws Exception {
    calculator = null;
}
```

（4）@BeforeClass

@BeforeClass 表明它是针对所有测试的,在所有测试方法执行前执行一次,且必须为 public static void 类型,此注解为 JUnit 4 新增功能。格式:@ BeoreClass public void method()。示例代码如下。

```
@ BeforeClass
public static void setUpBeforeClass() throws Exception {
```

```
    System.out.println("@ BeforeClass is called!");
}
```

（5）@AfterClass

@AfterClass 表明它是针对所有测试的,在所有测试方法执行结束后执行一次,且必须为 public static void 类型,此注解为 JUnit 4 新增功能。格式:@ AfterClass public void method( )。示例代码如下。

```
@ AfterClass
public static void tearDownAfterClass() throws Exception {
    System.out.println("@ AfterClass is called!");
}
```

（6）@Ignore

@Ignore 注解的含义是"某些方法尚未完成,暂不参与此次测试",这样测试结果的提示为有几个测试被忽略,而不是失败。一旦完成了相应函数,只需要把@ Ignore 注解删去,就可以进行正常的测试。例如:

```
@ Ignore
@ Test
public void testAdd() {
    int result = calculator.add(1,1);
    assertEquals(2,result);
}
```

JUnit 4 的常用注解及含义如表 4-4 所示。

表 4-4　JUnit 4 的常用注解及含义

注解	含义
@ Before	初始化方法,在任何一个测试执行之前必须执行
@ After	释放资源,在任何测试执行之后需要进行的收尾工作
@ Test	表明这是一个测试方法
@ BeforeClass	针对所有测试,在所有测试方法执行前执行一次
@ AfterClass	针对所有测试,在所有测试方法执行后执行一次
@ Run With	指定使用的测试运行器
@ SuiteClass	指定运行哪些测试类
@ Ignore	忽略的测试方法
@ Parameter	为单元测试提供参数值

根据以上说明,JUnit 4 的单元测试用例的执行顺序为:

@BeforeClass→@Before→@Test→@After→@AfterClass

每一个测试方法的调用顺序为:

@Before→@Test→@After

3. 测试套件

(1) 认识测试套件

JUnit 4 中最显著的特性是没有套件(套件机制用于将测试从逻辑上进行分组,并将这些测试作为一个单元测试来运行)。为了替代老版本的套件测试,套件被两个新注解代替:@RunWith、@SuiteClasses。@RunWith 用于指定一个特殊的运行器;Suite·class 套件运行器通过@SuiteClasses 注解将需要进行测试的类列表作为参数传入。

(2) 测试套件编写流程

① 创建一个空类作为测试套件的入口;

② 使用@RunWith、@SuiteClasses 注解修饰这个空类;

③ 把 Suite.class 作为参数传入@RunWih 注解,以提示 JUnit 将此类指定为运行器;

④ 将需要测试的类组成数组作为@SuiteClasses 的参数。

如下例所示:

```
@RunWith(value = Suite.class)
@SuiteClasses(value={CalculatorTest.class,ExceptionTest.class})
public class TestAll{

}
```

▶ **任务实施**

1. "计算每月多少天"程序的 JUnit 测试用例编写

(1) "计算每月多少天"程序功能介绍

根据所提供的年份和月份(为函数的两个参数),返回该月的天数(为函数返回值)。

(2) 编码实现

```
public class CalDay{
public int getDayByYearAndMonth(int year, int month){
    int days = 0;
    boolean isLeapYear = false;
    if(year<=0){
        System.out.println("年份输入必须大于 0");
        return 0;
        }
    if(((year % 4 == 0) && (year % 100 != 0)) ||(year % 400 == 0))
```

```
}
        System.out.println("--------------------闰年
--------------------");
        isLeapYear = true;
            } else {
        System.out.println("--------------------非闰年
--------------------");
        isLeapYear = false;
            }
    switch (month) {
        case 1:
        case 3:
        case 5:
        case 7:
        case 8:
        case 10:
        case 12:
            days = 31;
            break;
        case 2:
            if (isLeapYear) {
                days = 29;
                } else {
                days = 28;
                }
                break;
        case 4:
        case 6:
        case 9:
        case 11:
        days = 30;
        break;
        default:
            System.out.println("输入月份必须在 1~12 之间");
            break;
            }
```

```
        return days;
    }
}
```

（3）"计算每月多少天"的测试用例分析

① 新建测试用例：选中 setUp（）和 tearDown（）复选框，之后出现测试用例模板。

② 根据"计算每月多少天"程序设计测试用例，如表 4-5 所示。

表 4-5　"计算每月多少天"程序测试用例

用例编号	输入		预期输出
	year	month	
1	2023	12	31
2	2023	11	30
3	2023	2	28
4	2024	2	29
5	2024	1	31

（4）测试代码

根据设计的测试用例，编写测试代码，下面仅编写了第一个测试用例的代码。

```
import static org.junit.Assert.*;
import org.junit.Before;
import org.junit.Test;
public class CalDayTest {
    CalDay calDay = null;
@Before
public void setUp() throws Exception {
    calDay = new CalDay();
}
@Test
public void testGetDayByYearAndMnoth() {
    int day;
    Day = cal.getDayByYearAndMonth(2023,12);
```

```
        assertEquals(31,day);
        Day＝cal.getDayByYearAndMonth(2023,11);
        assertEquals(30,day);
        Day＝cal.getDayByYearAndMonth(2023,2);
        assertEquals(28,day);
        Day＝cal.getDayByYearAndMonth(2024,2);
        assertEquals(29,day);
        Day＝cal.getDayByYearAndMonth(2024,0);
        assertEquals(0,day);
    }
}
```

（5）测试结果

对于代码，Junit 会按如下顺序执行：

```
Try｛
    CalDayTest test = new CalDayTest();
    Test.setUp();
    Test.testOperator();
    Test.testDown();
.....
｝catch……
```

Setup（）用于建立测试环境，这里创建一个 CalDay 类的实例；tearDown（）用于资源清理，如释放打开的文件等；以 test 开头的方法被认为是测试方法，JUnit 会依次执行 test 开头的方法。

如果有多个"test+名称"的方法，JUnit 将会创建多个"名称+Test"用例，每次运行一个 test 方法时，setUp（）和 tearDown（）便会在方法前后被调用，因此，不要在一个 test 方法中依赖另一个 test 方法。

在 Eclipse 中点击"Run"菜单→"Run As"选项→"Junit Test"选项，就可以看到 JUnit 的测试结果。绿色表示测试通过，只要有一个测试未通过，进度条就会显示为红色并列出未通过的方法。

2. 使用测试套件管理测试用例

在 JUnit 中实际上最小的执行单位为 TestSuite，而不是每个 test 方法。test 方法必须依托于 TestSuite 才能运行。在之前的代码中，JUnit 会自动为每个测试类建立默认的 TestSuite。实际上，完全可以自定义 TestSuite 以组合任意的测试类和测试方法。

JUnit 4 采用＠RunWith 和＠SuiteClasses 注解完成 TestSuite 的创建，Eclipse 已经支持 JUnit 4 的 TestSuite 创建，界面如图 4-15 所示。

自动生成的 TestSuite 代码如下。

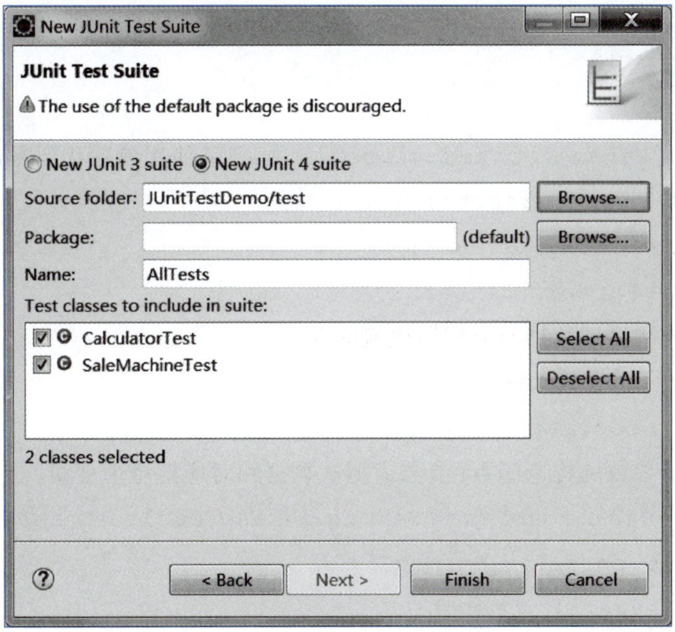

图 4-15   创建 JUnit 4 的 TestSuite 界面

```
import org.junit.runner.RunWith;
import org.junit.runners.Suite;
import org.junit.runners.Suite.SuiteClasses;
@ RunWith(Suite.class)
@ SuiteClasses({ CalculatorTest.class,SaleMachineTest.class })
public class AllTests {

}
```

▶ 任务拓展

1. 认识参数化测试

为增强测试程序的健壮性,可能需要模拟不同的参数对方法进行测试。不可能为不同的参数创建同一个测试方法。参数化测试能够创建自动供给参数值的通用测试,从而使每个参数都运行一次,而不必创建多个测试方法。

2. 参数化测试编写流程

(1)用@ RunWith 注解为参数化测试类指定特殊的运行器 Parameterized. class;

(2)在测试类中声明几个变量,分别用于存放测试数据和对应的期望值,并创建一个带参数的构造函数(参数为测试数据和期望值);

(3)创建一个静态测试数据供给方法,其返回类型为 Collection,并用@ Parameters 注解进行修饰；

　　（4）编写测试方法。

　　如下例所示。

```
@ RunWith (Parameterized.class)    //1.使用参数化运行器
    public class ParameterTest {
    private String dateReg;
    private Pattern pattern;
    //2.声明测试数据与对应期望值的变量
    private String phrase;
    private boolean  match;
    //3.带参数的构造函数(参数为测试数据和对应期望值变量)
    Public ParameterTest (String phrase,boolean match){
        this.phrase = phrase;
        this.match = match;
    }
    //4.数据供给方法(静态,用@ Parameters 注解,返回类型为 Collection)
    @ Parameters
    public static Collection<object[]> dateFeed() {
        return Arrays.asList (new object[][] {{ "2010-1-2",true },
                        {"2010-10-2",true },{ "2010-123-1",false },
                        { "2010-12-45",true }});
    }
    @ Before
    Public void init(){
    dateReg = "^\\{4}( \d{1,2} ){2}";
    pattern =Pattern.compile(dateReg);
    }
```

▷▷ 任务实训

任务单:堆栈类的单元测试实训任务单

任务名称	堆栈类的单元测试实训				
组　别		成　员		小组成绩	
学生姓名		个人成绩			
实训任务	根据所学内容,编写测试堆栈类的入栈、出栈、删除方法的测试用例并运行				

任务名称	堆栈类的单元测试实训				
组　别		成　员		小组成绩	
学生姓名		个人成绩			
实训 目的	1. 准确阐释 JUnit 的核心类和接口； 2. 准确阐释 JUnit 的生命周期； 3. 利用 JUnit 测试套件正确编写单元测试用例； 4. 利用 JUnit 4 注解正确编写单元测试用例； 5. 熟练使用 Eclipse 和 JUnit 工具进行单元测试； 6. 面对单元测试效率和全面难以两全问题时，充分利用 JUnit 4 的特性，基于复杂软件系统的实际问题，灵活设计单元测试解决方案和测试用例，熟练地使用单元测试工具				
实训 要求	1. 做好实训预习，掌握并熟悉本实训中所使用的开发环境及相应的测试软件； 2. 提前掌握需要测试的案例的代码编写				
实训 标准	1. 利用 JUnit 4 注解编写单元测试(30%)； 2. 利用 JUnit 测试套件编写单元测试(30%)； 3. 灵活设计单元测试解决方案和测试用例，熟练使用单元测试工具(20%)； 4. 实训报告(20%)				
实训 设备 工具					
实训 过程 步骤					
实训 结果					
实训 总结					

单元小结

单元测试针对代码的最小单位进行测试，尽管它只是软件测试的一种，但却非常重要。单元测试由开发人员编写，主要目的是验证开发人员的代码是否符合预期的结果，而不是证明代码是否正确。

单元测试中的被测单元往往不是一个可以独立运行的程序，因此在执行单元测试阶段的动态测试时，应建立单元测试的环境，即开发驱动模块和桩模块，使被测单元能够运行起来，以达到对其进行测试的目的。

JUnit 是 XUnit 系列单元测试框架的鼻祖，也是应用最广泛的 Java 单元测试框架。使用 Eclipse 开发工具可以帮助开发人员更快捷地编写和运行测试用例。测试用例的设计和 JUnit 4 的使用是本单元的重点和难点。

 感悟践行

一个有效的单元测试将会在软件开发的某个阶段发现很多的缺陷。在软件开发阶段，为避免后期发生不必要的麻烦以及提高软件质量，软件开发人员应具备细致、严谨、规范、全面、快速编写单元测试程序的职业素养，编写代码规范、质量较高的测试程序和被测程序，以方便代码审查和技术交流，降低软件的维护成本。

 单元测评

单元 4 测评表

专业能力核心	评价指标	自评结果
运用动态技术测试 Java 程序单元的能力	1. 能正确选择软件单元； 2. 合理设计并使用驱动模块进行测试； 3. 合理设计并使用桩模块进行测试； 4. 细致、严谨、规范、全面、快速编写单元测试程序	□ A □ B □ C □ A □ B □ C □ A □ B □ C □ A □ B □ C
运用 JUnit 测试简单 Java 程序的能力	1. 能够使用 Eclipse 的 JUnit 插件； 2. 能够使用 JUnit 4 编写测试用例； 3. 能够对测试结果进行分析； 4. 代码编写规范	□ A □ B □ C □ A □ B □ C □ A □ B □ C □ A □ B □ C

续表

专业能力核心	评价指标	自评结果
运用 JUnit 测试复杂 Java 应用的能力	1. 能够使用 JUnit 4 编写测试用例;	□ A □ B □ C
	2. 能够使用 TestSuite 组合测试用例;	□ A □ B □ C
	3. 能够进行单元测试用例设计;	□ A □ B □ C
	4. 面对单元测试效率和全面难以两难问题时,充分利用 JUnit 4 的特性,基于复杂软件系统的实际问题,灵活设计单元测试解决方案和测试用例,熟练地使用单元测试工具	□ A □ B □ C
学生签字: 教师签字: 年 月 日		

 ## 单元测验

一、单选题

1. 软件测试是软件质量保证的重要手段,( )是软件测试的最基础环节。

A. 功能测试　　　　　B. 单元测试　　　　　C. 结构测试　　　　　D. 验收测试

2. 单元测试的依据是( )。

A. 模块功能规格说明　　　　　　　　B. 系统需求规格说明

C. 系统模块结构图　　　　　　　　　D. 软件详细设计说明书

3. 在进行单元测试时,常用的方法是( )。

A. 采用黑盒测试,辅之以白盒测试　　B. 采用白盒测试,辅之以黑盒测试

C. 只使用黑盒测试　　　　　　　　　D. 只使用白盒测试

4. 单元测试时,调用被测模块的是( )。

A. 桩模块　　　　　B. 驱动模块　　　　　C. 通信模块　　　　　D. 代理模块

5. 关于 JUnit,下列描述错误的是( )。

A. JUnit 是 Java 语言的单元测试框架

B. JUnit 只能测试公共函数

C. JUnit 推荐先测试后实现的方法

D. setUp( )和 tearDown( )函数只执行一次

6. 在 JUnit 中,以 test 开头的方法就是一个测试用例,测试方法是( )。

A. private void test＊＊＊( )　　　　　　B. public void test＊＊＊( )

C. public float test＊＊＊( )　　　　　　D. public int test＊＊＊( )

7. JUnit 的 TestCase 类提供( )tearDown( )方法,分别完成测试环境的建立和拆除。

A. setUp( )　　　　B. set( )　　　　C. setap( )　　　　D. setDown( )

8. 在 Assert 类中断言对象为 Null 的方法是( )。

　　A．assertEquals　　　　B．assertTrue　　　　C．assertNull　　　　D．fail

二、填空题

1．单元测试是指对软件中的_____可测试单元进行检查和验证。

2．单元测试以_____说明书为指导，测试源程序代码。

3．JUnit 是一个开放源代码的_____测试框架，用于编写和运行可重复的测试。

4．在 JUnit 4 中以 test 开头的测试方法必须满足条件_____和无参数。

5．JUnit 中所有的 Assert 方法都放在_____类中，用于对比_____和实际值是否相同。

三、简答题

1．什么是单元测试？

2．在单元测试中，单元是如何划分的？

3．什么是驱动模块？什么是桩模块？

4．简述 JUnit 单元测试的步骤。

5．JUnit 4 的各种注解分别有什么用处？

单元5

自动化测试

 学习目标

【知识目标】

- 准确阐释自动化测试的基本概念；
- 了解自动化测试的常用工具；
- 熟知自动化测试的流程；
- 掌握 Selenium WebDriver 的基本使用方法。

【能力目标】

- 能够独自搭建自动化测试环境；
- 能够正确编写自动化测试脚本；
- 能够执行自动化测试脚本并调试。

【素养目标】

- 熟记自动化测试的行为准则和职业规范；
- 在编写自动化测试脚本时，培养科学严谨、标准规范的职业素养；
- 在实施自动化测试的过程中，具备爱岗敬业、勇于开拓的高尚品质。

引例描述

　　小王想对自己开发的网上商城的搜索功能进行测试,他编写了一组测试用例,在测试的过程中发现,每次在页面上的操作步骤非常相似,只是输入的测试数据不同。 小王感觉自己总是在重复操作,非常枯燥,效率也不高。 有什么办法可以解决小王的问题呢?

　　自动化测试可以帮助小王解决此问题。

　　自动化测试是把以人工驱动的测试行为转化为机器执行的一种测试过程,即在测试工具中通过执行由程序语言编写的测试脚本来模拟手工测试步骤自动地测试软件。

　　小王要完成自动化测试任务,需按照下面 3 步的自动化测试学习计划来完成学习。

　　① 学习自动化测试的基础知识;

　　② 学习 Selenium WebDriver 的基本应用;

　　③ 学习 Selenium WebDriver 的高级应用。

任务 1　自动化测试基础

 任务描述

　　本任务将对自动化测试的基本概念、自动化测试适合什么样的项目、自动化测试工具、自动化测试的流程、自动化测试环境的搭建等方面进行讲解,使学生能尽快了解并熟悉自动化测试技术。

　　在实际操作的过程中,学生应具备独立分析问题、解决问题的能力。 能够判断测试项目是否适合采用自动化测试方法,能够设计自动化测试用例,能够根据测试需要选择正确的自动化测试工具,并且能够独立搭建自动化测试环境。

 任务工单

任务工单:设计自动化测试用例

任务名称	设计自动化测试用例				
组　　别		成员		小组成绩	
学生姓名				个人成绩	
任务目标	理解自动化测试的基本概念,熟悉自动化测试的流程,能够设计用于自动化测试的测试用例				
任务要求	为某网站登录窗口的登录功能设计自动化测试用例。登录功能描述如下。 1. 输入用户名"admin"和密码"123456"能够成功登录,其余用户名和密码均为错误。如果用户名输入错误,提示"用户名不存在!";如果密码输入错误,提示"密码错误!"。 2. 如果用户名输入为空,提示"用户名不能为空!"。 3. 如果密码输入为空,提示"密码不能为空!"				

任务名称	设计自动化测试用例				
组　　别		成员		小组成绩	
学生姓名				个人成绩	
资讯 （知识 梳理）					
计划 决策					
任务 实施					
任务 检查					
任务 评估					
思想 提升	"磨刀不误砍柴工"的意思是磨刀花费时间,但不耽误砍柴。比喻事先充分做好准备,就能使工作加快。所以自动化测试虽然需要学习测试工具的使用以及编写测试脚本,但是从长远来看,是可以加快测试速度的。请思考,如何才能发挥自动化测试的最大价值				

▶ 任务准备

活动 1　认识自动化测试

1. 什么是自动化测试

按照测试执行时是否使用自动化测试工具,可将软件测试分为手工测试和自动化测试。手工测试是由测试人员编写并执行测试用例,然后观察测试结果与预期结果是否一致的过

微课 5-1
认识自动
化测试

程。自动化测试是把以人工驱动的测试行为转化为机器执行的一种测试过程,即在测试工具中通过执行由程序语言编写的测试脚本来模拟手工测试步骤,自动地测试软件的过程。

自动化测试可以把需要花费大量时间去重复执行的测试操作用脚本实现,把测试人员从枯燥单调的重复性劳动中解放出来,进而节省人力、时间和资源,提高测试效率。

2. 什么样的项目适合自动化测试

虽然自动化测试的效率很高,但并不是所有的项目都适合使用自动化测试。在开展自动化测试之前,测试人员需要对软件项目进行分析,判断该项目是否适合使用自动化测试。根据自动化测试的经验,一般满足以下 3 个条件就可以对项目实施自动化测试。

（1）项目需求变动不频繁

自动化测试脚本变化的大小与频率决定了自动化测试的维护成本。如果项目需求变动过于频繁,那么测试人员就需要根据需求的变动来不断地更新自动化测试用例,使其适应新的功能。而脚本的维护本身就是一个开发代码的过程,需要扩展、修改、调试,有时还需要对架构做出调整。如果所花费的维护成本高于其节省的测试成本,那么自动化测试就失去了它的价值和意义。

一种折中的做法是对项目中相对稳定的模块进行自动化测试,而变动较大的模块仍用手工测试。

（2）项目周期较长

自动化测试需求的确定、自动化测试框架的设计、测试脚本的编写与调试均需要较长的时间来完成,这样的过程本身就是一个软件开发的过程。如果项目的周期较短,没有足够的时间去支持这样一个过程,那么就不适合采用自动化测试。

（3）自动化测试脚本可重复使用

如果费尽心思开发了一套近乎完美的自动化测试脚本,但是脚本的重复使用率很低,致使开发测试脚本所耗费的成本大于所创造的经济价值,自动化测试便不再是真正可产生效益的测试手段了。

另外,在手工测试很难完成且需要投入大量的时间与人力的时候也可以引入自动化测试,比如性能测试、配置测试、大量数据输入测试等。

3. 常见的自动化测试工具

自动化测试工具是实施自动化测试必不可少的关键。目前市面上的自动化测试工具非常多,下面简单介绍几款比较常见的自动化测试工具。

（1）Appium

Appium 适用于 App 自动化测试,支持 iOS 和 Android 平台,支持 Python、Java 等语言。当其收到客户端的连接后,就会开始监听命令,然后在移动设备上执行监听到的命令,最后将执行结果放在 HTTP 响应中返还给客户端。

（2）Postman

Postman 适用于接口测试,其提供强大的 Web API 和 HTTP 请求的调试功能,能够发送任何类型的 HTTP 请求,并且能附带任何数量的参数和 Headers,还支持测试数据和环境配置数据的导入导出。

（3）JMeter。

JMeter 适用于接口测试、性能测试,用于模拟在服务器、网络或者其他对象上附加高负载,以测试他们的受压能力,或者分析他们在不同负载条件下的性能情况。

（4）LoadRunner

LoadRunner 适用于性能测试,通过模拟大量用户实施并发负载及实时性能监测的方式来确认和查找问题。LoadRunner 可适用于各种体系架构的自动负载测试,能预测系统行为并评估系统性能。

（5）QTP

QuickTest Professional（QTP）适用于 Web 自动化测试,提供符合所有主要应用软件环境的功能测试和回归测试的自动化。其采用关键字驱动的理念来简化测试用例的创建和维护。它允许用户直接录制屏幕上的操作流程,自动生成功能测试或者回归测试用例。

（6）Selenium

Selenium 适用于 Web 自动化测试。利用 Selenium 编写的自动化测试脚本可以模拟用户在浏览器中的各种操作,支持的浏览器包括 IE、FireFox、Chrome 等。其还支持 Linux、Windows、macOS 平台和 Python、Java、C++、JavaScript 等多种编程语言。

每一款自动化测试工具都有其自身的特点和作用。想要对项目进行成功的自动化测试,选择正确的自动化测试工具至关重要。这就需要测试管理人员在测试需求,工具的适应性、可靠性、易用性、扩展性和灵活性,支持和服务,资金预算等方面进行全面考虑。选取合适的测试工具可以提高测试效率,降低测试成本,为软件开发过程带来更多的收益。

本单元的自动化测试主要介绍 Web 程序的自动化测试。所以选择 Selenium 作为自动化测试工具,同时选择 Python 作为测试脚本的编写语言。

4. 自动化测试的流程

当测试项目满足了自动化测试的前提条件,想要有条不紊地进行自动化测试时,测试人员首先要了解自动化测试的流程。自动化测试的基本流程如图 5-1 所示。首先由测试主管根据软件需求说明书制定测试计划,明确测试对象、测试目的、测试内容、测试方法、测试进度以及测试所需的各种资源,形成测试计划书;接下来由测试用例设计者进行自动化测试需求分析,进而搭建测试环境和设计测试用例,形成专门的测试用例文档;然后由脚本开发人员编写测试脚本,提供测试所需要的数据文件;这些都完成后,就可以由测试人员来执行自动化测试并观察测试结果是否通过,并对发现的软件缺陷进行记录,将缺陷提交给开发人员进行修正,然后进行回归测试;当所有的 bug 都修正后,就可以由测试主管分析测试结果,形成自动化测试分析报告。

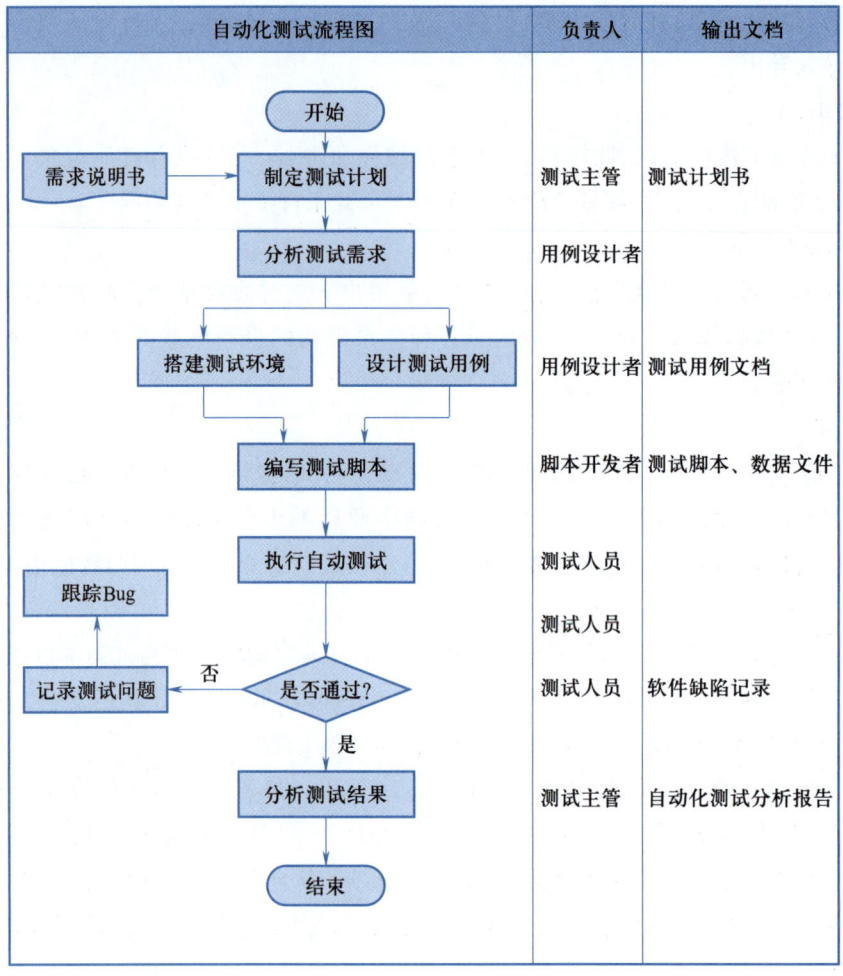

图 5-1 自动化测试流程图

活动 2 搭建自动化测试环境

搭建 Web 自动化测试环境主要需要安装 4 款软件,分别是 Python、Selenium、PyCharm 和浏览器。本单元的自动化测试脚本使用 Python 语言编写,所以首先要安装 Python 解释器。Selenium 是一款基于 Web 应用程序的自动化测试工具,它提供了一系列测试函数,用于支持 Web 自动化测试。PyCharm 是一种常用的 Python 集成开发环境,带有一整套提高 Python 语言开发效率的工具。浏览器用于打开要测试的 Web 应用程序。

1. 安装 Python 解释器

Python 解释器可以从 Python 官方网站下载。版本确保为 3.0 及以上即可。安装步骤如下。

① 双击下载的安装文件 python-3.11.5-amd64.exe,弹出如图 5-2 所示的安装窗口。按照图中所示进行设置,切记要勾选图中打钩的复选框。如果不进行勾选,需要自己手动配

置环境变量,勾选之后自动配置环境变量。然后再单击"Customize installation"(自定义安装)选项进入下一步。

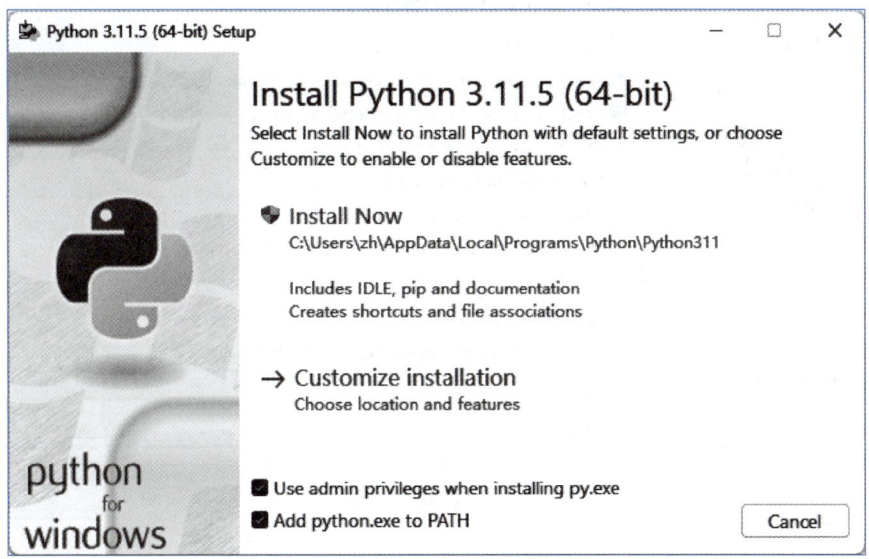

图 5-2　Python 安装窗口

② 在图 5-3 所示的安装窗口,将所有的复选框进行勾选,单击"Next"按钮。

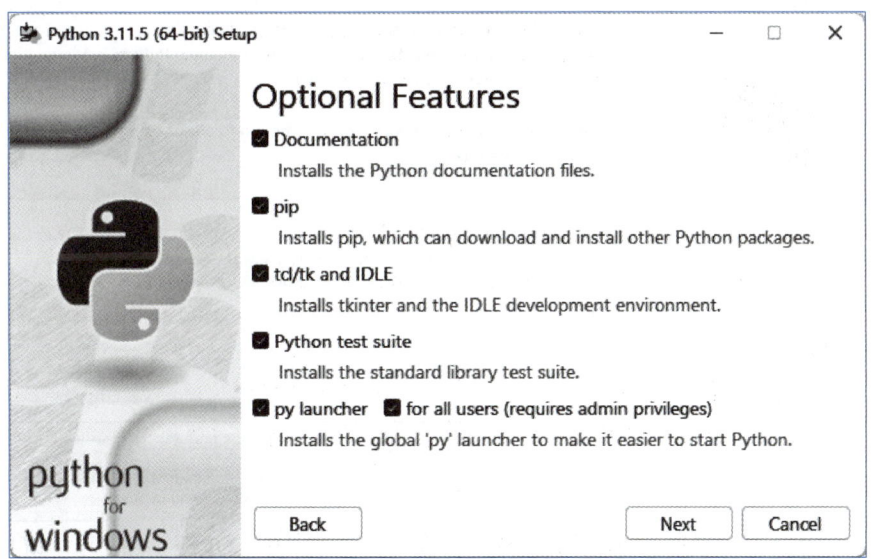

图 5-3　可选的安装项目

③ 在图 5-4 所示的窗口中只勾选图中勾选的复选框即可。可以通过"Browse"按钮自定义安装路径,也可以直接单击"Install"按钮使用默认路径进行安装。单击"Install"按钮后等待安装结束即可,安装完成后的界面如图 5-5 所示。

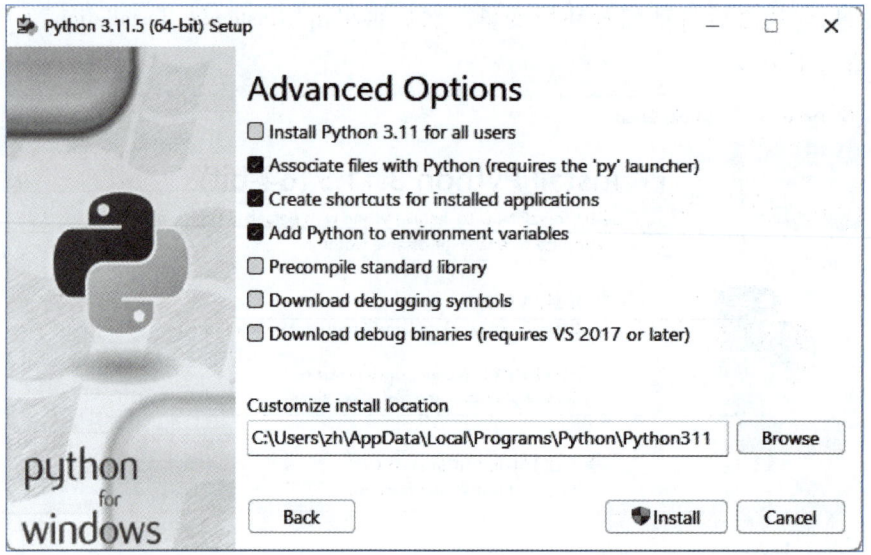

图 5-4　选择安装路径

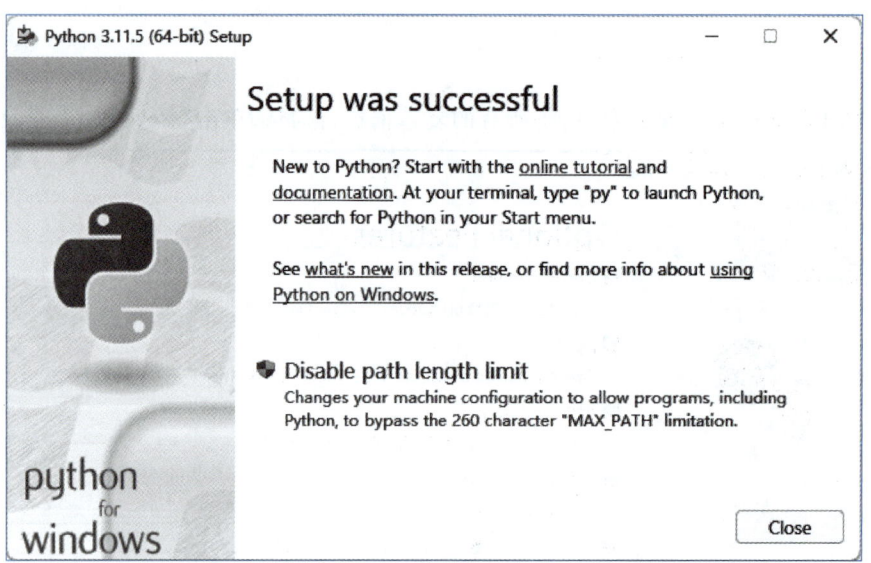

图 5-5　安装完成

④ 安装完成后为了检查 Python 是否安装成功,可以打开 cmd 命令窗口,在窗口中输入"python"命令进行查询,出现如图 5-6 所示的提示信息则表示安装成功了。

2. 安装 Selenium

可以通过两种方式安装 Selenium,第一种方式是通过 Selenium 官网下载安装,第二种方式是通过 pip 包管理工具进行安装。

安装方法一:进入 Selenium 官方网站下载安装文件。将下载好的文件解压缩,然后放置

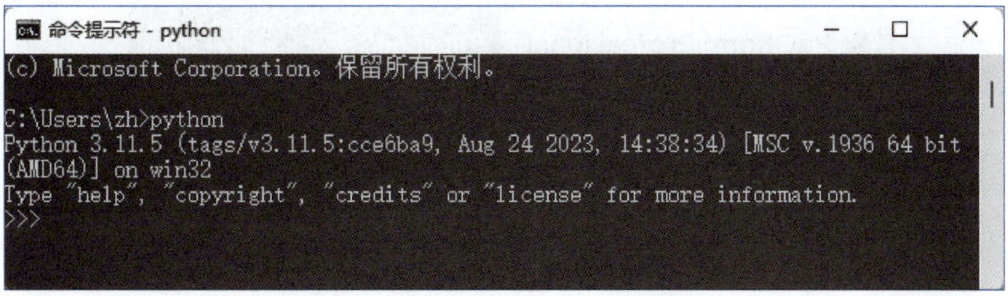

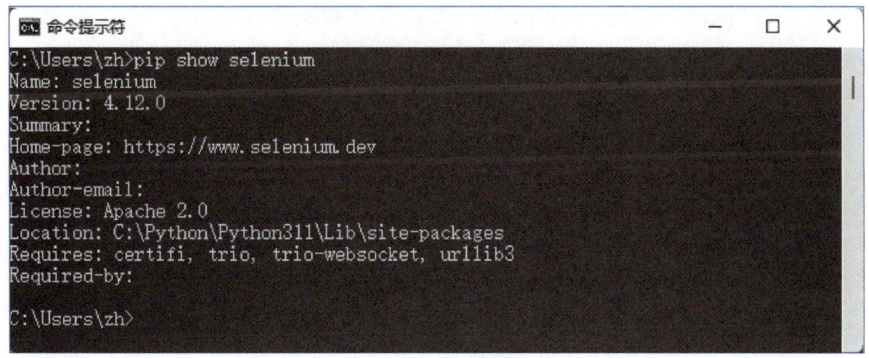

图 5-6　检查 Python 是否安装成功

在 Python 安装目录下的 \Lib\site-packages 中即可。

安装方法二:打开 cmd 窗口,输入 cmd 命令"pip install selenium"在线安装 Selenium,如图 5-7 所示。通过"pip install selenium"命令安装 Selenium 时,系统将默认安装当前最新的版本。如果想要安装指定的 Selenium 版本,可以使用"pip install selenium==版本号"命令。

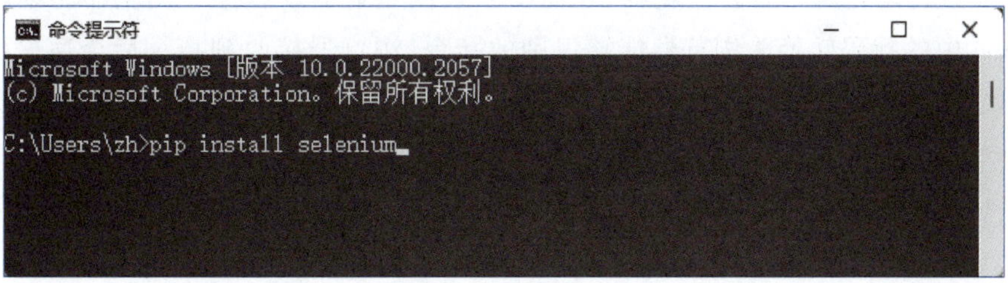

图 5-7　在线安装 Selenium

提示 Selenium 安装完成后,可以使用"pip show selenium"命令检查是否安装成功。出现如图 5-8 所示的 Selenium 相关信息则证明安装成功。

图 5-8　Selenium 安装成功

3. 安装 PyCharm

访问 PyCharm 官网下载安装包。PyCharm 官网提供了两个安装版本,分别是 PyCharm Professional(专业版)和 PyCharm Community Edition(社区版),如图 5-9 所示。由于社区版是免费使用的,所以可以选择社区版进行下载安装。

（a）专业版　　　　　　　（b）社区版

图 5-9　PyCharm 的两个安装版本

4. 安装浏览器以及驱动程序

① 安装浏览器

访问浏览器官网下载浏览器安装程序,然后根据提示一步步完成安装。

② 安装浏览器驱动程序

要想通过自动化脚本打开浏览器,还需要安装浏览器驱动程序。浏览器驱动程序负责将 PyCharm 中的代码转换为浏览器能够识别的指令,浏览器接收到指令后会通过浏览器驱动将操作结果返回到 PyCharm 的控制台中。Selenium 支持多种浏览器,每一种浏览器都需要有一个对应的驱动来负责操作,并且安装的浏览器驱动版本需要与浏览器版本一致。

下载对应的驱动程序后将浏览器驱动程序文件放置在 Python 安装文件的根目录"…\Python\Python38"下(安装的 Python 版本不同,目录名也会略有不同)。

▶ 任务实施

可以从手工测试用例中挑选自动化测试用例,也可以专门为自动化测试编写一套用例。在自动化测试初期,建议从手工测试用例中进行挑选。原因在于,一方面手工测试用例的覆盖度最为全面,可以保证测试的全面性;另一方面也会提高测试效率。

为某网站登录窗口的登录功能设计的自动化测试用例如表 5-1 所示。

表 5-1　登录功能自动化测试用例

用例编号	模块名称	测试功能点	输入	操作步骤	预期输出
1	登录窗口	登录功能	用户名:admin 密码:123456	1. 打开登录窗口 2. 输入用户名和密码 3. 单击"登录"按钮	登录成功
2	登录窗口	登录功能	用户名:a 密码:123456	1. 打开登录窗口 2. 输入用户名和密码 3. 单击"登录"按钮	提示"用户名不存在!"
3	登录窗口	登录功能	用户名:admin 密码:123	1. 打开登录窗口 2. 输入用户名和密码 3. 单击"登录"按钮	提示"密码错误!"

续表

用例编号	模块名称	测试功能点	输入	操作步骤	预期输出
4	登录窗口	登录功能	用户名： 密码：123456	1. 打开登录窗口 2. 输入用户名和密码 3. 单击"登录"按钮	提示"用户名不能为空！"
5	登录窗口	登录功能	用户名：admin 密码：	1. 打开登录窗口 2. 输入用户名和密码 3. 单击"登录"按钮	提示"密码不能为空！"

▶▶ 任务拓展

自动化测试与人工测试相比，既有优点也有缺点。自动化测试虽然能够解决人工测试不能解决的测试场景复杂的问题，但是自动化测试也不能完全代替人工测试。例如，人工测试中测试人员通过大脑思考进行的逻辑判断和细致定位操作是自动化测试不能完成的，此外，测试人员的测试经验和推测程序是否有错的能力也是自动化测试不具备的。

1. 自动化测试的优点

（1）提高回归测试的效率

回归测试要测试系统的所有功能模块，周期较长的回归测试工作量大，测试比较频繁，适合采用自动化测试。由于测试的脚本和用例都是设计好的，测试期望的结果也可以预料，因此将回归测试自动化可以极大地提高效率，缩短测试时间。

（2）提高人员利用率

在部署好测试环境和测试场景后，自动化测试可以在无人看守的状态下进行，并对测试结果进行分析。这使测试人员可以将时间和精力投入到其他更有意义的测试工作中，从而减少测试人员的工作量。

（3）测试可以重复利用

自动化测试通常使用的是自动化脚本技术，测试用例可以在较少甚至是不修改的情况下实现在不同测试过程中的重复使用。

（4）减少人为的错误

自动化测试由机器完成，执行过程中不存在人为的疏忽和错误，测试设计完全决定测试的质量，可以减少人为造成的错误。

（5）完成人工测试很难实现的测试

负载测试或压力测试需要大量用户同时访问并操作该项目。此种类型的测试需要模拟大量用户的参与，很难通过人工测试实现，而使用自动化测试工具可以模拟多用户的并发过程。

2. 自动化测试的缺点

（1）自动化测试由工具执行，没有人工控制，无法进行主观判断，无法发现界面色彩、布局的问题和系统的崩溃现象，而这些错误通过人眼很容易发现。

（2）自动化测试工具本身是一个产品，不同的系统平台或硬件平台可能影响被测程序的测试结果。

（3）对于需求更改频繁的软件，测试脚本的维护和设计比较困难。

（4）自动化测试由机器执行，发现的问题比手工测试要少很多。因此，测试工具没有发现缺陷，并不能说明系统不存在缺陷，只能通过工具评判测试结果和预期效果之间的差距。

（5）自动化测试需要编写测试脚本、设计场景，测试的设计直接影响测试的结果，这些工作对测试人员的要求比较高。

 任务实训

任务单：设计自动化测试用例实训任务单

任务名称	设计自动化测试用例			
组　别		成　员	小组成绩	
学生姓名		个人成绩		
实训 任务	某考务平台的考务安排查询页面如图 5-10 所示。功能说明如下：可以查询自 2011 年以来每个学期的期初、期中和期末的考务安排信息，"学年学期"和"学期类别"两项信息均提供下拉框供用户选择，如图 5-11 所示，不能自行输入。 试为该页面的查询功能编写自动化测试用例。 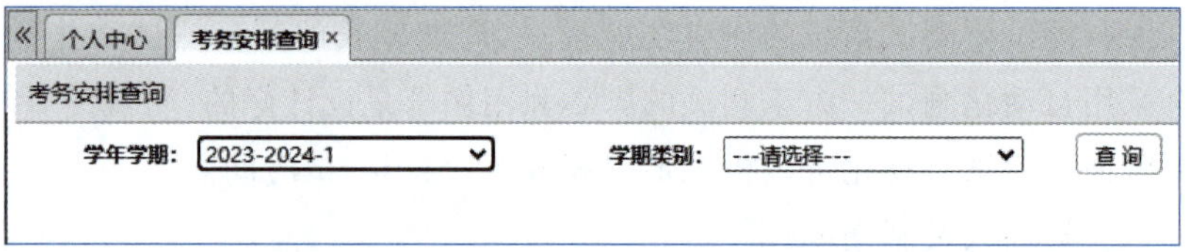 图 5-10　考务安排查询页面  （a）"学年学期"下拉框			

任务名称		设计自动化测试用例			
组　别		成　员		小组成绩	
学生姓名		个人成绩			
实训 任务	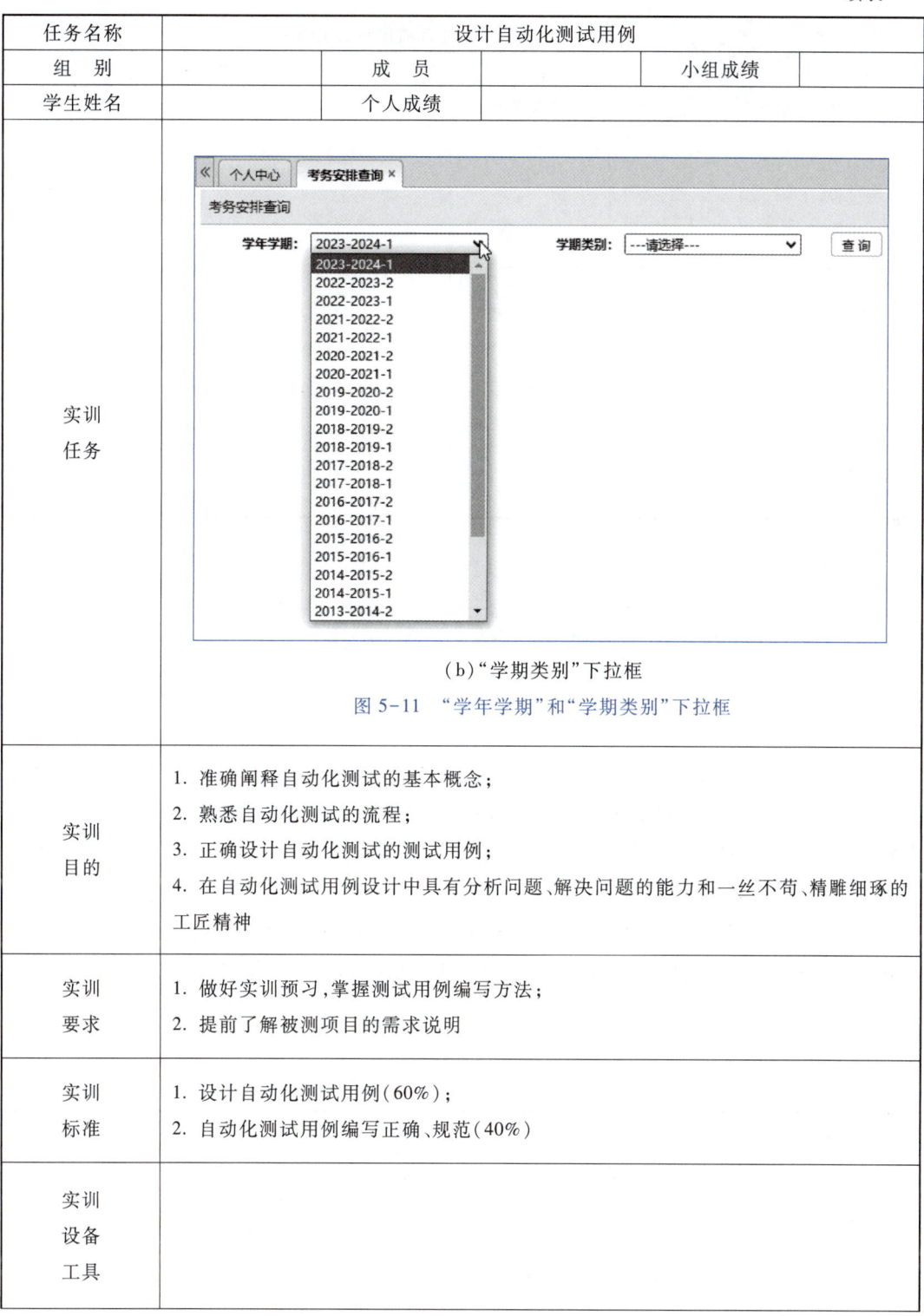 （b）"学期类别"下拉框 图 5-11　"学年学期"和"学期类别"下拉框				
实训 目的	1. 准确阐释自动化测试的基本概念； 2. 熟悉自动化测试的流程； 3. 正确设计自动化测试的测试用例； 4. 在自动化测试用例设计中具有分析问题、解决问题的能力和一丝不苟、精雕细琢的 工匠精神				
实训 要求	1. 做好实训预习,掌握测试用例编写方法； 2. 提前了解被测项目的需求说明				
实训 标准	1. 设计自动化测试用例(60%)； 2. 自动化测试用例编写正确、规范(40%)				
实训 设备 工具					

续表

任务名称	设计自动化测试用例			
组　别		成　员		小组成绩
学生姓名		个人成绩		
实训 过程 步骤				
实训 结果				
实训 总结				

任务 2　Selenium WebDriver 的基本应用

任务描述

　　在编写自动化测试脚本的过程中,Selenium WebDriver(网页驱动程序)扮演着重要的角色,在自动化测试脚本中调用 Selenium WebDriver 提供的方法可以实现多种测试操作。本任务将对 Selenium WebDriver 的基本应用进行讲解,主要包括浏览器的基础操作、定位页面元素、模拟键盘操作和鼠标操作等。

　　在实际操作过程中,学生应熟练掌握 Selenium WebDriver 的基本应用,稳扎稳打,打好自动化脚本编写的基础;能够具体问题具体分析,编写出正确的自动化测试程序。

任务工单

任务工单:360 翻译网站翻译功能的自动化测试

任务名称	360 翻译网站翻译功能的自动化测试			
组　　别		成员		小组成绩
学生姓名				个人成绩
任务 目标	熟悉自动化测试工具,掌握 Selenium WebDriver 的基本应用			

续表

任务名称	360 翻译网站翻译功能的自动化测试				
组　别		成员		小组成绩	
学生姓名				个人成绩	
任务要求	使用 Selenium 编写自动化测试脚本,测试 360 翻译网站的翻译功能,具体要求如下。 1. 打开浏览器,访问 360 翻译网站; 2. 单击"英文"和"中文"之间的转换符号; 3. 在"输入文字"输入框中,依次完成输入"你好"、全选、剪切、粘贴两次的操作; 4. 单击"翻译"按钮,完成汉译英操作				
知识梳理					
计划决策					
任务实施					
任务检查					
任务评估					
思想提升	《荀子·劝学》中提到:"不积跬步,无以至千里;不积小流,无以成江海。"意思是不积累一步半步的行程,就没有办法达到千里之远;不积累细小的流水,就没有办法汇成江河大海。比喻积累的重要性,可用来论述学习工作贵在不断积累。所以,在学习自动化测试时,应该从 Selenium WebDriver 的基本应用开始不断积累知识,逐步提升自己的自动化脚本编写水平				

▶ 任务准备

活动 1　熟悉 Selenium WebDriver 基础

微课 5-3
熟悉 Web-
Driver 基础

　　Selenium WebDriver(网页驱动程序)是基于 Selenium 2.0 而设计的一套类库,该库提供了简单、丰富且设计良好的面向对象的应用程序编程接口(Application Programming Interface,API)。自动化测试用例设计完毕后,本任务在 Python+Selenium+PyCharm 环境下根据 Selenium 的设计方法,对网页信息进行抓取分析,设计自动化测试脚本,自动在网页上模拟用户操作,完成测试。

在 Web 项目测试中,离不开对浏览器的基础操作,例如浏览器的打开、关闭、前进、后退、刷新及窗口的最大化、还原、关闭等。本活动先来熟悉一下 Selenium WebDriver 中对浏览器的基础操作。

1. 引入 Selenium WebDriver 模块

要在 PyCharm 中使用 Selenium WebDriver 编写自动化测试脚本,首先需要引入 Selenium WebDriver 模块。代码如下:

```
from selenium import webdriver
```

2. 浏览器的打开、关闭

进行 Web 项目测试时,首先需要打开浏览器、打开测试页面;测试完成后,需要关闭浏览器窗口。打开、关闭浏览器的方法及说明如表 5-2 所示。

表 5-2　打开、关闭浏览器的方法及说明

方法	说明
WebDriver.浏览器名称()	打开测试使用的浏览器
get(url)	打开页面
quit()	退出当前浏览器
close()	关闭浏览器的当前窗口

示例:调用浏览器访问百度首页,然后关闭窗口。

```
from selenium import webdriver
#使用 Chrome()方法打开 Chrome 浏览器
driver = webdriver.Chrome()
driver.get("http://www.baidu.com")
driver.close()
```

3. 浏览器的前进、后退和刷新

在使用浏览器访问网页时,可以使用浏览器导航栏上的"前进""后退"按钮来切换浏览的页面,使用"刷新"按钮来刷新当前页面。在 Selenium WebDriver 中也提供了相应的方法来实现浏览器的"前进""后退"和"刷新"操作,如表 5-3 所示。

表 5-3　浏览器的前进、后退和刷新方法及说明

方法	说明
forward()	浏览器前进
back()	浏览器后退
refresh()	浏览器刷新

示例:实现百度首页和百度新闻页面之间的切换。

```
from selenium import webdriver
driver = webdriver.Chrome()
driver.get("http://www.baidu.com")
driver.get("http://news.baidu.com")
driver.back()          #后退到"百度首页"
driver.forward()       #前进到"百度新闻页面"
driver.refresh()       #刷新页面
```

4. 浏览器窗口的设置

有时候希望在指定的位置、以指定的尺寸打开浏览器窗口,让测试的页面在指定尺寸下运行;有时候也需要将页面最大化或最小化。Selenium WebDriver 提供了一些方法来设置浏览器窗口的大小和位置,如表 5-4 所示。

表 5-4　设置浏览器窗口的大小和位置的方法及说明

方法	说明
maximize_window( )	将浏览器窗口最大化
minimize_window( )	将浏览器窗口最小化
set_window_position(x,y)	将浏览器窗口移动到指定位置
set_window_size(width,height)	将浏览器窗口设置为指定大小
set_window_rect(x, y, width, height)	将浏览器窗口移动到指定位置并设置为指定大小

示例:设置浏览器窗口的大小和位置。

```
from selenium import webdriver
driver = webdriver.Chrome()
driver.get("http://www.baidu.com")
#将浏览器窗口最小化
driver.minimize_window()
#将浏览器窗口最大化
driver.maximize_window()
#设置浏览器窗口大小为宽500像素、高600像素
driver.set_window_size(500,600)
#将浏览器窗口移动到横坐标200像素、纵坐标100像素的位置
driver.set_window_position(200,100)
#将浏览器窗口移动到横坐标200像素、纵坐标200像素的位置并设置窗口大小为宽
400像素、高400像素
driver.set_window_rect(200,200,400,400)
```

微课 5-4
定位元素

活动 2　定位元素

　　Web 自动化测试就是要模拟鼠标和键盘来操作页面上的元素,例如在输入框中输入文字、单击按钮等,此处的输入框和按钮称为页面中的元素,常见的页面元素还有超链接、单选按钮、复选框、下拉列表、滚动条等。操作这些元素的前提是需要找到它们,自动化工具无法像测试人员一样可以通过肉眼来分辨页面上的元素,并且知道它们的作用,那么如何找到它们呢?

　　页面上的每个元素都有很多属性,例如 id、name、class 等,并且每个属性都有属性值。Selenium WebDriver 可以通过这些属性信息来找到不同的元素。Selenium WebDriver 中分别提供了针对单个元素和一组元素的定位方法。

1. 单个元素的定位

　　在 Selenium WebDriver 中提供了 8 种对单个元素进行定位的方法。

　　(1) id 定位

　　id 定位是通过元素的 id 属性值来定位元素。由于在页面中 id 属性值一般不会重复,所以如果元素有 id 属性,可以优先考虑使用 id 定位方法定位元素。该方法的语法格式如下。

```
find_element_by_id()
```

　　以定位百度页面的输入框为例。先打开百度页面,右击输入框,在弹出菜单中选择"检查"选项,出现如图 5-12 所示的界面。在 HTML 文档中可以观察到输入框对应的脚本如下。

```
<input id="kw" name="wd" class="s_ipt" value maxlength="255" au-
tocomplete="off">
```

　　输入框有 id 属性,且 id 属性值为"kw",所以可以使用 find_element_by_id("kw") 定位输入框。

　　(2) name 定位

　　name 定位是通过元素的 name 属性值来定位元素的。如果页面中某个元素没有 id 属性,那就没有办法通过 id 属性去定位页面元素,但是如果这个元素的 name 属性值是独一无二的,就可以使用 name 属性来定位。如果页面中存在多个重复的 name 属性值,那么 name 定位会不准确,需要选择其他方法来定位元素。name 定位方法的语法格式如下。

```
find_element_by_name()
```

　　例如,使用 name 定位方法定位百度输入框。

```
find_element_by_name("wd")
```

　　(3) class_name 定位

　　class_name 定位是通过元素的 class 属性值来定位元素。在 HTML 页面中,class 属性主要用于渲染页面的样式。如果使用 class_name 定位元素时,发现一个页面中的 class 属性值有多个,那么选择其中一个即可。该方法的语法格式如下。

```
find_element_by_class_name()
```

图 5-12 输入框元素信息

例如,使用 class_name 定位方法定位百度输入框。

```
find_element_by_class_name("s_ipt")
```

(4) tag_name 定位

tag_name 定位是通过元素的标签名来定位元素的。HTML 的本质就是通过标签来定义并实现不同的功能,每一个元素本质上也是一个标签。因为一个标签名往往用来定义一类功能,所以通过标签名识别某个元素的成功概率很低。打开任意一个页面,都会发现存在大量的 <div><input><a> 等标签名。如果页面中有多个相同的标签名,则默认只会定位第一个标签,所以在使用 tag_name 定位元素时很难精确定位,一般很少使用该方法。该方法的语法格式如下。

```
find_element_by_tag_name()
```

(5) link_text 定位

link_text 定位是通过超链接的文本内容来定位元素的,所以 link_text 定位专门用来定位文本链接这一类型的元素。该方法的语法格式如下。

```
find_element_by_link_text()
```

例如,右击百度页面左上角的“地图”选项,在弹出的快捷菜单中选“检查”选项,如图 5-13 所示。查看“地图”这个元素的属性可以看到该元素是个超链接。对于这个元素,可以用 link_text 定位,脚本为:find_element_by_link_text(“地图”)。

(6) partial_link_text 定位

partial_link_text 定位是通过超链接文本中的部分或全部内容来定位元素的。partial_link_text 定位与 link_text 定位比较类似,不同的是 partial_link_text 定位可以使用超链接文本中的部分内容来定位元素,而 link_text 定位只能使用超链接文本中的全部内容来定位元素。有时候一个超链接文本的字符串可能比较长,如果输入全部内容的话,既占地方也易出错,

图 5-13　"地图"超链接元素信息

这时候可以用 partial_link_text 定位。该方法的语法格式如下。

```
find_element_by_partial_link_text()
```

（7）XPath 定位

XPath 定位是基于元素的路径定位。XPath（XML Path Language 的简称）即为 XML 路径语言，是一种用来确定 XML 文档中某部分位置的语言。XPath 基于 XML 的树状结构，提供在数据结构树中找寻结点的能力。因为 HTML 可以视为 XML 的一种实现，所以 Selenium 用户可以使用这种强大的语言在 Web 应用中定位元素。如果熟悉 XPath 语法可手工编写 XPath 路径。更简单的做法是直接从网站页面复制 XPath 路径。该方法的语法格式如下。

```
find_element_by_xpath()
```

例如，想要使用 XPath 定位百度页面的输入框，可以在输入框的 HTML 脚本处右击，在弹出的快捷菜单中选择"Copy"→"Copy XPath"选项，如图 5-14 所示，即可复制元素的 XPath 值，然后粘贴到 find_element_by_xpath（）方法中作参数即可。

使用 XPath 定位百度输入框的脚本如下。

```
find_element_by_xpath('//*[@ id="kw"]')
```

（8）css_selector 定位

css_selector 定位通过 CSS 选择器工具进行定位。和 XPath 定位相似，也是一种通过路径导航实现元素定位的方法，css_selector 定位方法比 XPath 定位的速度快，CSS 路径也比 XPath 简洁。该方法的语法格式如下。

```
find_element_by_css_selector()
```

可以在页面元素对应的 HTML 脚本处右击，在弹出的快捷菜单中选择"Copy→Copy selector"复制出 CSS 路径，然后放到 css_selector 定位方法中作参数进行元素定位。

使用 css_selector 定位百度输入框的脚本如下。

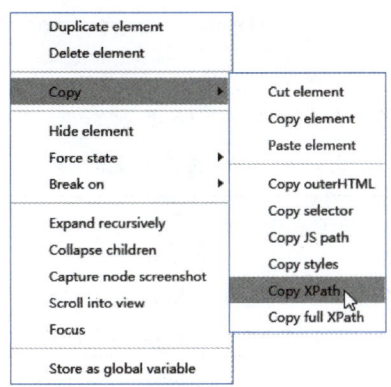

图 5-14　输入框的 Copy XPath 选项

```
find_element_by_css_selector("#kw")
```

2. 一组元素的定位

当测试页面上有多个元素需要进行操作时,逐一进行定位就会比较麻烦。例如,需要同时选择页面上的所有复选框,这时候可以通过一组元素的定位方法进行定位。一组元素的定位方法与单个元素的定位方法相似,区别在于,在定位一组元素的方法中,element 需要使用复数形式,即 elements。定位一组元素的方法及说明如表 5-5 所示。

表 5-5　定位一组元素的方法及说明

方法	说明
find_elements_by_id( )	通过元素的 id 属性值定位一组元素
find_elements_by_name( )	通过元素的 name 属性值定位一组元素
find_elements_by_class_name( )	通过元素的 class 属性值定位一组元素
find_elements_by_tag_name( )	通过元素的标签名定位一组元素
find_elements_by_link_text( )	通过超链接全部文本内容定位一组元素
find_elements_by_partial_link_text( )	通过超链接部分或全部文本内容定位一组元素
find_elements_by_xpath( )	通过元素路径定位一组元素
find_elements_by_css_selector( )	通过 css 选择器定位一组元素

活动 3　模拟键盘操作

1. Keys 类

用 Selenium 做自动化测试,经常需要模拟键盘操作,例如输入、复制、剪切、粘贴、全选等。在 Selenium 中,可以通过 Keys 类来处理这类事件。Keys 类提供了对键盘上几乎所有按键的操作,能够满足对键盘基本操作的需求。

Keys 类在使用之前需要进行导入,代码如下。

微课 5-5
模拟键盘
操作

```
from selenium.webdriver.common.keys import Keys
```

2. Keys 中的按键

Keys 类提供了键盘上的各个按键,如表 5-6 所示。

表 5-6　Keys 类常用按键列表

方法	说明	方法	说明
Keys. ENTER	回车键	Keys. DIVIDE	"/"键
Keys. BACK_SPACE	删除键	Keys. EQUALS	"="键
Keys. SPACE	空格键	Keys. CONTROL,'a'	全选键(Ctrl+A)
Keys. TAB	Tab 键	Keys. CONTROL,'c'	复制键(Ctrl+C)
Keys. SHIFT	Shift 键	Keys. CONTROL,'x'	剪切键(Ctrl+X)
Keys. ESCAPE	Esc 键	Keys. CONTROL,'v'	粘贴键(Ctrl+V)
Keys. ARROW_UP	上键	Keys. NUMPAD0	数字 0 键
Keys. ARROW_DOWN	下键	Keys. NUMPAD1	数字 1 键
Keys. ARROW_LEFT	左键	……	……
Keys. ARROW_RIGHT	右键	Keys. NUMPAD9	数字 9 键
Keys. ADD	"+"键	Keys. F1	F1 键
Keys. SUBTRACT	"−"键	……	……
Keys. MULTIPLY	"∗"键	Keys. F12	F12 键

3. send_keys 方法

send_keys()方法可以用来模拟键盘输入。其将按键发送到当前活动对象,就好像它们是从键盘输入的一样。send_keys()方法的参数可以是字符串常量或变量,也可以是 Keys 类中的按键。

示例:在百度首页的输入框中做模拟键盘操作的练习。

```
from selenium import webdriver
#引入 Keys 模块
from selenium.webdriver.common.keys import Keys
driver = webdriver.Chrome()
driver.get("http://www.baidu.com")
#在输入框输入文字"selenium 书"
driver.find_element_by_id("kw").send_keys("selenium 书")
#删除最后一个字符"书"
driver.find_element_by_id("kw").send_keys(Keys.BACK_SPACE)
#输入空格键 +"教程"
driver.find_element_by_id("kw").send_keys(Keys.SPACE)
driver.find_element_by_id("kw").send_keys("教程")
#Ctrl + a 全选输入框内容
```

```
driver.find_element_by_id("kw").send_keys(Keys.CONTROL,"a")
```
#Ctrl + x 剪切输入框内容
```
driver.find_element_by_id("kw").send_keys(Keys.CONTROL,"x")
```
#Ctrl + v 粘贴内容到输入框
```
driver.find_element_by_id("kw").send_keys(Keys.CONTROL,"v")
```
#定位到"百度一下"按钮,按回车键
```
driver.find_element_by_id("su").send_keys(Keys.ENTER)
```

活动 4 模拟鼠标操作

1. 鼠标单击操作

Selenium WebDriver 提供了 click()方法用来模拟鼠标单击操作。

click()方法可以用来单击一个元素,前提是这个元素是可以被单击的对象,如按钮、文本链接、图片链接、复选框、单选按钮、下拉列表框等任何可以单击的元素。

语法格式如下。
```
driver.find_element_by_id("su").click()
```

2. ActionChains 类

除了鼠标单击操作,其余的鼠标操作方法都是由 ActionChains 类提供的。

引入 ActionChains 类的代码如下。
```
from selenium.webdriver.common.action_chains import Action-
Chains
```

值得注意的是,调用 ActionChains 类中的方法时,操作不会立即执行,ActionChains 类会将所有的操作按顺序存放在一个队列里,当调用 perform()方法时,才会将操作按照队列里面的顺序执行。调用的 perform()方法必须放在 ActionChains 方法的最后。

3. 鼠标右击操作

ActionChains 类中用来模拟鼠标右击操作的方法是 context_click()。

示例:实现百度输入框的右击操作。
```
from selenium import webdriver
```
#引入 ActionChains 类
```
from selenium.webdriver.common.action_chains import Action-
Chains
driver = webdriver.Chrome()
driver.get("http://www.baidu.com")
```
#定位到要右击的元素
```
right = driver.find_element_by_id("kw")
```
#对定位到的元素执行鼠标右击操作

微课 5-6
模拟鼠标
操作

```
ActionChains(driver).context_click(right).perform()
```

4. 鼠标双击操作

ActionChains 类中用来模拟鼠标双击操作的方法是 double_click( )。

示例代码如下。

```
.....
#定位到要双击的元素
double = driver.find_element_by_id("su")
#对定位到的元素执行双击操作
ActionChains(driver).double_click(double).perform()
.....
```

5. 鼠标悬停操作

ActionChains 类中用来模拟鼠标悬停操作的方法是 move_to_element( )。

示例:将鼠标悬停在百度首页的文本链接"更多"上,效果如图 5-15 所示。

图 5-15　鼠标悬停

```
from selenium import webdriver
#引入 ActionChains 类
from selenium.webdriver.common.action_chains import Action-
Chains
driver = webdriver.Chrome()
driver.get("http://www.baidu.com")
#定位到要悬停的元素
```

```
above = driver.find_element_by_link_text("更多")
```
#对定位到的元素执行悬停操作
```
ActionChains(driver).move_to_element(above).perform()
```

6. 鼠标拖放操作

ActionChains 类中用来模拟鼠标拖放操作的方法是 drag_and_drop(source,target),该方法用于实现在源元素上按住鼠标左键,然后移动到目标元素上释放。

各参数含义如下。

- source:鼠标拖动的源元素
- target:鼠标释放的目标元素

示例代码如下。

#定位源元素
```
s = driver.find_element_by_id("xx")
```
#定位目标元素
```
t = driver.find_element_by_id("xx")
```
#执行鼠标的拖放操作
```
ActionChains(driver).drag_and_drop(s,t).perform()
```

7. ActionChains 类方法列表

ActionChains 类常用方法如表 5-7 所示。

表 5-7 ActionChains 类常用方法列表

方法	说明
click()	单击鼠标左键
click_and_hold()	单击鼠标左键,不松开
context_click()	单击鼠标右键
double_click()	双击鼠标左键
drag_and_drop(source,target)	拖曳到某个元素然后松开
drag_and_drop_by_offset(source,xoffset,yoffset)	拖曳到某个坐标然后松开
key_down(value)	按下某个键盘上的键
key_up(value)	松开某个键
move_by_offset(xoffset,yoffset)	鼠标从当前位置移动到某个坐标
move_to_element(to_element)	鼠标移动到某个元素
move_to_element_with_offset(to_element,xoffset,yoffset)	移动到距某个元素(左上角坐标)多少距离的位置
perform()	执行链中的所有动作
release()	在某个元素位置松开鼠标左键
send_keys(＊keys_to_send)	发送某个键到当前焦点的元素
send_keys_to_element(element,＊keys_to_send)	发送某个键到指定元素

任务实施

测试 360 翻译网站的翻译功能的自动化测试脚本如下。

```
from selenium import webdriver
from selenium.webdriver.common.keys import Keys
d = webdriver.Chrome()
d.get("https://fanyi.so.com")
d.find_element_by_xpath("/html/body/div/div[2]/div[1]/div[1]/span").click()
d.find_element_by_xpath("/html/body/div/div[2]/div[1]/div[2]/textarea").send_keys("你好")
d.find_element_by_xpath("/html/body/div/div[2]/div[1]/div[2]/textarea").send_keys(Keys.CONTROL,"a")
d.find_element_by_xpath("/html/body/div/div[2]/div[1]/div[2]/textarea").send_keys(Keys.CONTROL,"x")
d.find_element_by_xpath("/html/body/div/div[2]/div[1]/div[2]/textarea").send_keys(Keys.CONTROL,"v")
d.find_element_by_xpath("/html/body/div/div[2]/div[1]/div[2]/textarea").send_keys(Keys.CONTROL,"v")
d.find_element_by_class_name("translate").click()
```

任务拓展

在对页面元素进行定位时,还可以使用 find_element() 方法,该方法通过 By 来声明定位,并传入对应定位方法的定位参数。find_element() 方法的语法格式如下:

```
find_element(by=By.ID,value=None)
```

各参数含义如下。

- 参数 by 表示元素定位的类型,由 By 提供,默认通过 id 属性值来定位。
- 参数 value 表示元素定位类型的属性值。

在使用 find_element() 方法进行元素定位时,需要导入 By 类,具体如下。

```
from selenium.webdriver.common.by import By
```

使用 find_element() 方法来定位元素的 8 种写法如下。

① 通过 id 定位元素:

```
driver.find_element(By.ID," ")
```

② 通过 name 定位元素:

```
driver.find_element(By.NAME," ")
```

③ 通过 class_name 定位元素:

```
driver.find_element(By.CLASS_NAME," ")
```

④ 通过 tag_name 定位元素：

```
driver.find_element(By.TAG_NAME," ")
```

⑤ 通过链接的全部文字定位元素：

```
driver.find_element(By.LINK_TEXT," ")
```

⑥ 通过链接的部分文字定位元素：

```
driver.find_element(By.PARTIAL_LINK_TEXT," ")
```

⑦ 通过 xpath 定位元素：

```
driver.find_element(By.XPATH," ")
```

⑧ 通过 CSS 定位元素：

```
driver.find_element(By.CSS_SELECTOR," ")
```

▶▶ 任务实训

任务单:某网站登录功能的自动化测试

任务名称	某网站登录功能的自动化测试				
组　别		成　员		小组成绩	
学生姓名		个人成绩			
实训 任务	编写自动化测试脚本,测试某网站的登录功能,具体要求如下: 1. 打开浏览器,访问某网站; 2. 定位到"登录"按钮,并单击; 3. 在出现的登录界面中输入用户名"admin",密码"123456"后单击"登录"按钮				
实训 目的	1. 能够选择适合的元素定位方法; 2. 熟悉鼠标的常用操作; 3. 熟悉键盘输入操作; 4. 认真、规范、高效地完成自动化测试的实施				
实训 要求	1. 做好实训预习,掌握并熟悉本实训中所使用的自动化测试工具; 2. 掌握 Selenium WebDriver 的基本应用				
实训 标准	1. 自动化测试脚本的编写(40%); 2. 自动化测试脚本的调试和运行(30%); 3. 脚本编写严谨、规范并在规定时间内完成(30%)				
实训 设备 工具					
实训 过程 步骤					

续表

任务名称	某网站登录功能的自动化测试			
组　别		成　员	小组成绩	
学生姓名		个人成绩		
实训 结果				
实训 总结				

任务 3　Selenium WebDriver 的高级应用

▶ 任务描述

本任务将对 Selenium WebDriver 的高级应用进行讲解,主要包括设置时间等待、切换窗口、数据驱动测试等。通过本任务的学习,可以掌握更多关于 Web 自动化测试脚本编写的方法,能够编写脚本实现更多自动化测试的操作。

在实际操作的过程中,应能做到举一反三,学会知识的迁移,能够利用学过的知识去学习掌握更多的知识,提升学习能力和提高学习效率。

▶ 任务工单

任务工单:百度搜索学信网并访问的自动化测试

任务名称	百度搜索学信网并访问的自动化测试			
组　别		成员	小组成绩	
学生姓名			个人成绩	
任务 目标	熟悉自动化测试工具,掌握 Selenium WebDriver 的高级应用			
任务 要求	使用 Selenium 编写自动化测试脚本,通过百度网站搜索学信网并进行访问,具体要求如下。 1. 打开浏览器,访问百度首页; 2. 在输入框中输入"学信网",单击"百度一下"按钮; 3. 设置隐式等待 6 秒; 4. 在搜索结果中单击"登录_学信网"链接,如图 5-16 所示; 5. 在学信网登录页面输入账号"123456789"、密码"abc123",单击"登录"按钮; 6. 强制等待 2 秒后,关闭浏览器			

续表

任务名称		百度搜索学信网并访问的自动化测试		
组　　别	成员		小组成绩	
学生姓名			个人成绩	
任务 要求	 图 5-16　百度搜索结果页面			
资讯 （知识 梳理）				
计划 决策				
任务 实施				
任务 检查				
任务 评估				
思想 提升	《孟子·公孙丑》中提到："事半古之人,功必倍之。"意思是花一半力气,收到成倍效果,即现在所说的"事半功倍",指做事得法,因此费力小,收效大。正确熟练地使用自动化测试可以使测试工作达到事半功倍的效果。那么,应如何理解自动化测试的重要性			

微课 5-7
设置隐式
等待

微课 5-8
设置显式
等待

任务准备

活动 1　设置时间等待

时间等待主要用于以下两种情况。

① 在自动化测试脚本执行时展现出来的效果很快结束了,中间的运行过程没有看清楚。为了观察执行效果,测试人员会在需要停顿的位置增加一个等待时间。这种等待时间只是为了便于观察,不会影响执行结果。

② 在打开一个网站时,由于环境的因素导致页面没有下载完成就去定位元素,此时无法找到元素,会影响到执行结果。这时增加一个等待时间,等待指定元素被加载出来之后才去定位该元素,就不会出现定位失败的现象了。

1. 强制等待

针对上述第一种情况的时间等待,一般使用强制等待方法 sleep() 来实现。sleep() 方法是由 Python 的 time 模块提供的,所以使用时需要先做导入。导入代码如下。

```
from time import sleep
```

使用格式如下。

```
sleep(seconds)
```

其中,参数 seconds 表示程序的休眠时间,即强制等待时间,以秒为单位。

当然 sleep() 方法也可以用在时间等待的第二种情况下,但是有个明显的缺点是,无法预知到底设置几秒的等待时间才能确保要定位的元素能够加载到页面上,时间短了元素可能还是没有完成加载,时间长了会导致执行效率下降。所以针对第二种情况使用 sleep() 方法不是最佳选择。针对第二种情况,Selenium WebDriver 提供了另外两种类型的等待,分别称为隐式等待和显式等待。

2. 隐式等待

隐式等待,也叫智能等待,是 Selenium WebDriver 提供的一个超时等待。所谓隐式等待,就是设置了一个等待时间范围,这个等待的时间是不固定的,最长的等待时间就是设置的最大值。在脚本中,可以使用隐式等待去等待一个元素被发现或一个命令完成。如果超出了设置的时间则会抛出异常。

隐式等待方法的语法格式如下。

```
implicitly_wait(timeout)
```

参数 timeout 是等待的秒数,即最长等待时间,默认值为 0。

示例代码如下。

```
from selenium import webdriver
#导入 NoSuchElementException 异常类
from selenium.common.exceptions import NoSuchElementException
```

```
from time import ctime
driver = webdriver.Chrome()
#设置隐式等待 10 秒
driver. implicitly_wait(10)
driver. get("http://www.baidu.com")
try:
    print(ctime())
    driver.find_element_by_id("kw"). send_keys('自动化测试')
except NoSuchElementException as e:
    print(e)
finally:
    print(ctime())
```

本例中,使用 implicitly_wait(10)设置等待时长为 10 秒。首先,这 10 秒并非一个固定的等待时间,它并不影响脚本的执行速度。其次,该方法并不针对页面上的某一元素进行等待。当脚本执行到某个元素定位时,如果元素可以定位,则继续执行;如果元素定位不到,则它将以轮询的方式不断地判断元素是否被定位到。假设在第 5 秒定位到了元素,则继续执行;若直到超出设置时长(10 秒)还没有定位到元素,则抛出异常。

3. 显式等待

显式等待是指定一个等待条件,按指定的时间间隔检测条件是否满足,如果满足则执行下一步,如果不满足会继续检查,超过设置的最长等待时间就会抛出异常。

实现显示等待的方法是 WebDriverWait(),该方法是在 WebDriverWait 类中定义的,所以使用 WebDriverWait()方法之前首先需要导入 WebDriverWait 类,导入代码如下。

```
from selenium. webdriver. support.ui import WebDriverWait
```

WebDriverWait()方法的语法格式如下。

```
WebDriverWait(driver, timeout, poll_frequency = 0. 5, ignored_ex-
ceptions =None)
```

各参数含义如下。

- driver:浏览器驱动对象;
- timeout:最长等待时间,以秒为单位;
- poll_frequency:检测条件是否满足的时间间隔,默认为 0.5 秒;
- ignored_exceptions:超时后的异常信息,默认情况下抛出 NoSuchElementException 异常。

WebDriverWait()方法一般和 until()或 until_not()方法配合使用。

until()方法的语法格式如下。

```
until (method,message ='')
```

该方法的作用为:调用 method,直到返回值不为 False 或不为空。参数含义如下。

- method：需要执行的方法；
- message：抛出异常时的文案，默认返回 TimeoutException，表示超时。

until_not( )方法的语法格式如下。

until_not(method,message='')

该方法的作用为：调用 method，直到返回值为 False 或为空。

WebDriverWait( ) 和 until( )方法配合使用的格式如下。

WebDriverWait(浏览器实例，超时时长，调用频率，异常信息).until(要调用的方法，超时时返回的信息)

示例：在百度页面的输入框中输入"selenium"，要求为定位输入框操作添加显式等待，等待时间为 5 秒，定位操作的执行间隔设为 0.5 秒。

```python
from selenium import webdriver
from time import ctime
#导入显式等待类
from selenium.webdriver.support.ui import WebDriverWait
from selenium.webdriver.common.by import By
from selenium.webdriver.support import expected_conditions as EC
driver = webdriver.Chrome()
driver.get("http://www.baidu.com")
print(ctime())
try:
#设置显式等待时间为 5 秒，检测间隔时间为 0.5 秒
    element = WebDriverWait(driver,5,0.5).until(
        EC.presence_of_element_located((By.ID,"kw")))
    element.send_keys('selenium')
except:
    print("未找到元素")
finally:
    print(ctime())
```

本例中的 presence_of_element_located( )方法用于判断元素是否已被加载，返回值为布尔类型。方法的第一个参数是定位的类型，由 By 提供；第二个参数是对应的属性值。在使用 By 之前注意需要将 By 类导入。

活动 2 切 换 窗 口

1. 切换窗口方法

微课 5-9
切换窗口

在操作页面时，有时单击某个链接会弹出新的窗口。如果需要切换到原来的窗口上进行操作，就需要进行窗口的切换。Selenium 提供了切换窗口的方法，语法格式如下。

```
switch_to.window()
```

2. 获取窗口句柄的属性

每个浏览器窗口都有一个唯一标识,该标识被称为窗口的句柄。多窗口切换主要依赖于浏览器窗口的句柄,通过获取浏览器窗口的句柄来区分不同的窗口,根据获取的窗口句柄实现指定窗口的切换。

Selenium 中提供的用于获取窗口句柄的属性如下。

① 获取第一个窗口的句柄:

```
driver.current_window_handle
```

② 获取所有窗口的句柄:

```
driver.window_handles
```

③ 获取第 n 个窗口的句柄:

```
driver.window_handles[n-1]
```

示例:在百度首页上,依次单击"新闻""地图"链接,打开"百度新闻""百度地图"窗口,练习窗口的切换操作。

```
from selenium import webdriver
from time import sleep
driver = webdriver.Chrome()
driver.get("http://www.baidu.com")
driver.maximize_window()
#获得百度首页窗口句柄
first = driver.current_window_handle
driver.find_element_by_link_text("新闻").click()
sleep(5)
#回到百度首页
driver.switch_to.window(first)
sleep(5)
driver.find_element_by_link_text("地图").click()
#获得当前所有打开的窗口的句柄
all = driver.window_handles
driver.switch_to.window(all[1])
```

活动 3　数据驱动测试

1. 数据驱动测试的概念

上述自动化测试脚本在开发的过程还是存在诸多不便。例如,要测试不同用户的登录,首先用的是"张三"的用户名登录,下一次测试用例要换成"李四"的用户名。在这种情况

微课 5-10
数据驱动
测试

下,需要重复地编写登录脚本,因为虽然登录的步骤相同,但是登录所用的测试数据不同。

为了解决这类问题,就有了数据驱动测试的概念。从数据驱动测试的本意来解释,就是数据的改变从而驱动自动化测试的执行,最终引起测试结果的改变。

数据驱动的模式可以根据业务分解测试数据。只需要定义变量,将内部数据或者是外部文件(txt、excel、csv、html 等)中的数据参数化,即可避免使用固定的数据的问题。数据驱动模式可以将测试脚本与测试数据分离,使得测试脚本在不同数据集合下高度复用。这不仅可以增加复杂条件场景的测试覆盖,还可以极大减少测试脚本的编写与维护工作。

在进行自动化测试时,会遇到一些批量处理数据的情况,这时可以使用数据文件来存放数据,使用 Python 对数据文件进行处理,然后使用数据驱动来实现脚本的批量处理。

2. 内部数据参数化

参数化是自动化测试的一种常用技巧,可以将测试代码中的某些输入使用参数来代替。以百度搜索功能为例,每次测试搜索场景,都需要测试不同的搜索内容,在这个过程里面,除了数据在变化,测试步骤都是重复的,这时就可以使用参数化的方式来解决测试数据变化而测试步骤不变的问题。

参数化就是把测试需要用到的参数写到数据集合里,让程序自动去这个集合里面取值,每条数据都生成一条对应的测试用例,直到集合里的值全部取完。

示例:以列表的方式对百度搜索的关键字进行参数化。

```
from selenium import webdriver
search_text = ['Selenium','python','自动化测试']
for text in search_text:
    driver = webdriver.Chrome()
    driver.implicitly_wait(10)
    driver.get('http://www.baidu.com')
    driver.find_element_by_id('kw').send_keys(text)
    driver.find_element_by_id('su').click()
```

3. 读取外部文件数据

数据驱动测试时,也可以使用外部文件(txt、xlsx、csv、html 等)中的数据。

示例:使用 Python 读取 csv 文件中的数据。

打开 Excel 软件,输入如图 5-17 所示的测试数据,并将文件另存为"D:\book.csv"。

在 PyCharm 中输入以下代码:

```
#导入 csv 类
import csv
#使用 reader()方法读取文件内容
data = csv.reader(open("d:\\book.csv","r"))
```

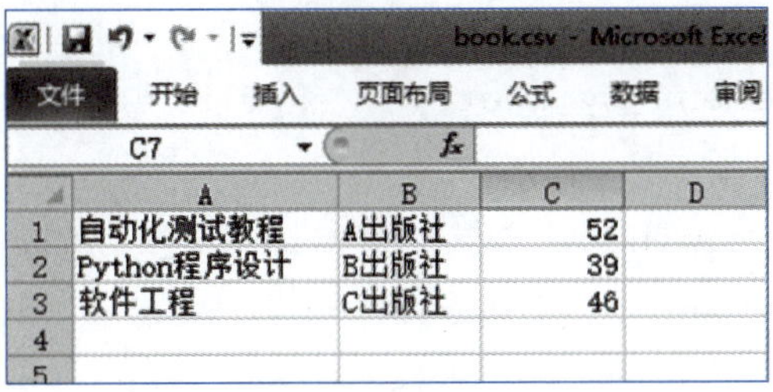

	A	B	C	D
1	自动化测试教程	A出版社	52	
2	Python程序设计	B出版社	39	
3	软件工程	C出版社	46	
4				
5				

图 5-17　测试数据

```
#使用 for 循环依次输出 data 中的内容
for book in data:
    print(book)
```

4. 外部数据参数化

修改前面内部数据参数化的案例,改用外部文件 book.csv 中第一列的数据完成百度搜索操作,代码如下。

```
from selenium import webdriver
import csv
#把“打开百度,进行搜索”操作的代码放到一个函数中。这里定义一个函数,命名为find,外部数据以参数的形式提供,参数名命名为 word
def find(word):
      driver=webdriver.Chrome()
      driver.get("http://www.baidu.com")
      #把 send_keys 中的参数改成 word
        driver.find_element_by_id("kw").send_keys(word)
        driver.find_element_by_id("su").click()

data=csv.reader(open("d:\\book.csv","r"))
for book in data:
        find(book[0])
```

任务实施

通过百度网站搜索学信网并进行访问的自动化测试的脚本如下。

```
from selenium import webdriver
driver = webdriver.Chrome()
driver.get("https://www.baidu.com")
driver.find_element_by_id('kw').send_keys("学信网")
driver.find_element_by_id('su').click()
```

```
driver.implicitly_wait(6)
driver.find_element_by_xpath('//*[@ id="3"]/div/div[1]/h3/a').
click()
driver.switch_to.window(driver.window_handles[1])
driver.find_element_by_id('username').send_keys("123456789")
driver.find_element_by_id('password').send_keys("abc123")
driver.find_element_by_name('submit').click()
time.sleep(2)
driver.quit()
```

▶ 任务拓展

JavaScript 也是编写自动化脚本的一种语言,编写脚本时用得比较少,但是有时用 JavaScript 写的代码更加简单、实用。

Selenium WebDriver 提供了 execute_script() 方法来执行 JavaScript 代码。

例如,可以通过执行 JavaScript 代码来操作页面滚动条。用于调整浏览器滚动条位置的 JavaScript 代码如下。

window.scrollTo(左边距,上边距);

window.scrollTo() 方法用于设置浏览器窗口滚动条的水平和垂直位置。方法的第一个参数表示水平的左边距,第二个参数表示垂直的上边距。

如果想直接拖到页面底部,可以使用以下代码。

window.scrollTo(0, document.body.scrollHeight);

示例:打开新浪网站,将窗口最大化,先移动滚动条至(100,450)处,3 秒后将滚动条拖至最底部。

```
from selenium import webdriver
import time
driver = webdriver.Chrome()
driver.get("https://www.sina.com.cn")
driver.maximize_window()
# 通过 JavaScript 设置浏览器窗口的滚动条位置
js = "window.scrollTo(100,450);"
driver.execute_script(js)
time.sleep(3)
driver.execute_script("window.scrollTo(0, document.body.
scrollHeight);")
```

▶▶ 任务实训

任务单：测试某网站页面之间的跳转

任务名称	测试某网站页面之间的跳转				
组　别		成　员		小组成绩	
学生姓名		个人成绩			
实训 任务	编写自动化测试脚本，测试某网站的注册页面、登录页面是否能正确跳转，具体要求如下。 1. 打开某网站，并将窗口最大化； 2. 设置隐式等待 5 秒钟； 3. 定位到某网站的"注册"按钮并单击； 4. 从注册页面后退到首页； 5. 定位到某网站的"登录"按钮并单击； 6. 在登录页面的"手机号或邮箱"输入框中输入"138＊＊＊＊6666"； 7. 复制输入框中的内容并粘贴到"密码"输入框中； 8. 单击"登录"按钮； 9. 强制等待 2 秒后，最小化浏览器				
实训 目的	1. 能够正确使用时间等待方法； 2. 熟悉切换窗口的操作； 3. 认真、规范、高效地完成自动化测试的实施				
实训 要求	1. 做好实训预习，掌握并熟悉本实训中所使用的自动化测试工具； 2. 掌握 Selenium WebDriver 的高级应用				
实训 标准	1. 自动化测试脚本的编写（40%）； 2. 自动化测试脚本的调试和运行（30%）； 3. 脚本编写严谨、规范并在规定时间内完成（30%）				
实训 设备 工具					
实训 过程 步骤					
实训 结果					
实训 总结					

单元小结

　　自动化测试是把人为驱动的测试行为转化为机器执行的一种过程。 自动化测试是当前软件测试领域的热门趋势。 随着人工智能和机器学习等技术的发展以及测试流程的标准化，自动化测试已经成为提高效率、降低成本以及保证测试质量的一项重要手段，同时自动化测试可以更快速地响应变化。

　　Selenium WebDriver 是一种用于 Web 应用程序自动化测试的工具，它提供了一组 API，可用于模拟用户在浏览器中的交互行为，如浏览器最大化、最小化，页面前进、后退、刷新，鼠标单击、双击、右击，文字录入，窗口切换等，还可以获取页面元素、执行 JavaScript 代码等。熟练掌握 Selenium WebDriver 中的常用操作有助于编写出高质量的自动化测试脚本。

 感悟践行

　　在软件测试行业中，经常争议的话题就是：是手工测试更好还是自动化测试更好。 其实不管是自动化测试还是手工测试，它们都是软件测试方法的一种，目的都是为了保障软件质量，不存在哪个更优的说法。 这两种解决方案各有优点和缺点，在两者之间进行选择时有许多因素需要考虑。 手工测试和自动化测试更像是相辅相成、缺一不可的关系，如何根据这两种测试方法各自的特点，更高效地保障软件质量才是需要关注的重点。 这就好比在日常工作中要讲究分工合作，根据每个人的专长进行任务分工，让每个人去完成自己擅长的工作，以使每个部分的工作都能相对尽善尽美，提高工作效率和工作质量。

 单元测评

单元 5 测评表

专业能力核心	评价指标	自评结果
正确认识自动化测试的能力	1. 理解自动化测试的含义； 2. 能够说出 6 款常用的自动化测试工具； 3. 知道自动化测试的使用场景； 4. 熟悉自动化测试的基本流程； 5. 能够独自搭建自动化测试环境	□ A □ B □ C □ A □ B □ C □ A □ B □ C □ A □ B □ C
正确实施自动化测试的能力	1. 能够根据测试需求编写自动化测试脚本； 2. 能够对测试脚本进行分析和调试； 3. 能够对测试结果进行分析； 4. 遵守测试脚本编写规范	□ A □ B □ C □ A □ B □ C □ A □ B □ C □ A □ B □ C
学生签字：	教师签字：	年　月　日

单元测验

一、单选题

1. 下列不属于自动化测试工具的是（　　　）。

A. QTP   B. Selenium   C. Python   D. Appium

2. 用于检查 Selenium 是否安装成功的命令是（　　　）。

A. pip install selenium   B. pip uninstall selenium

C. pip show selenium   D. pip list selenium

3. 控制浏览器前进的命令是（　　　）。

A. driver. get( )   B. driver. quit( )

C. driver. forward( )   D. driver. back( )

4. 使用超链接文本的部分字符串进行定位的方法是（　　　）。

A. find_element_by_name( )

B. find_element_by_tag_name( )

C. find_element_by_link_text( )

D. find_element_by_partial_link_text( )

5. 用来模拟键盘输入的方法是（　　　）。

A. time. sleep( )   B. send_keys( )

C. click( )   D. find_element_by_name( )

6. ActionChains 类中用来模拟鼠标悬停操作的方法是（　　　）。

A. double_click( )   B. context_click( )

C. move_to_element( )   D. drag_and_drop( )

7. Selenium 中用于实现隐式等待的方法是（　　　）。

A. implicitly_wait( )   B. time. sleep( )

C. wait( )   D. WebDriverWait( )

8. Selenium 中用于切换窗口的方法是（　　　）。

A. switch_to. frame( )   B. switch_to. window( )

C. maximize_window( )   D. set_window_size( )

二、判断题

1. 在 Selenium 中调用浏览器必须安装相应的浏览器驱动程序。（　　）

2. 引入 WebDriver 模块的代码是 from selenium import webdriver。（　　）

3. 如果一个元素没有 id 属性,那么就不能使用 id 定位方法。（　　）

4. implicitly_wait(10)中的 10 秒是一个固定的等待时间。（　　）

5. WebDriverWait( )一般和 until( )或 until_not( )方法配合使用。（　　）

6. 因为一个页面往往存在大量标签名相同的元素,所以通过 tag 定位识别某个元素的成功概率很低。　　　　　　　　　　　　　　　　　　　　　　　　　　（　　）

7. driver. swtich_to. window(driver. window_handles［1］)方法的作用是切换到第一个被打开的窗口。　　　　　　　　　　　　　　　　　　　　　　　　　（　　）

三、简答题

1. 什么样的项目适合采用自动化测试?

2. 简述自动化测试的优点。

3. 简述常用的元素定位方法。

单元6

性能测试

 学习目标

【知识目标】
- 判定软件性能与功能的区别，了解软件性能的重要性；
- 理解性能测试的基本概念及性能指标；
- 概括描述性能测试的主要方法；
- 概括描述性能测试的流程；
- 准确编写、优化被测程序的性能测试脚本；
- 了解主流性能测试工具；
- 熟练操作应用 LoadRunner 性能测试工具。

【能力目标】
- 能针对给定的被测系统，规划性能测试的整体实施方案；
- 能基于测试需求进行分析，选择合适的性能测试方法和性能测试工具；
- 能针对给定的被测系统进行性能测试，确定性能测试点，设计、执行场景并分析性能结果。

【素养目标】
- 熟记性能测试的行为准则和职业规范，以及测试脚本编写规范；
- 编写规范、质量较高的性能测试脚本，方便代码审查和技术交流，降低软件的维护成本；

● 针对系统性能瓶颈，具备综合分析和处理问题的职业素养。

 引例描述

软件工程师小张参与的网上商城购物系统项目已经完成了所有功能点的开发，并完成了功能测试工作，现阶段是否能够直接上线发布？ 如果直接上线运行可能会出现哪些问题？

目前软件系统的功能趋于复杂，功能越来越多，除了要保证基本的功能质量，软件的性能（如响应时间、可靠性、资源使用率和可扩展性）也至关重要。 所以，仅仅测试软件的功能无法保障软件产品的质量。

性能测试的目的不是发现软件产品的功能缺陷，而是消除软件产品的性能瓶颈。 如果未进行性能测试，软件发布后可能会遇到以下问题：运行速度慢、无法及时响应、稳定性差、跨不同操作系统的不一致以及可用性差等问题，严重影响系统的运行和用户体验。

开展系统的性能测试工作，需按照以下 3 步进行学习。

① 学习性能测试的基础理论知识，了解性能测试的概念、性能指标以及性能测试方法；

② 学习性能测试的基本流程以及性能测试的过程管理；

③ 以 LoadRunner 为例，学习使用性能测试工具进行性能的自动化测试工作。

任务 1　性能测试基本理论

 任务描述

本任务主要了解性能测试的基本理论。首先了解软件的性能，分析软件性能与功能的区别，从 3 个不同角色的角度来把握软件性能。其次了解性能测试的概念以及软件性能的衡量指标。

通过本任务的学习，可以掌握性能测试的相关基础理论。在学习过程中需要把理论知识内化于心并运用到实践中去，注重在学习过程中将理论与实践相结合。

 任务工单

任务工单:区分判定软件的功能与性能

任务名称	区分判定软件的功能与性能				
组　　别		成员		小组成绩	
学生姓名				个人成绩	
任务目标	能够区分判定给定软件系统的功能与性能,明确软件系统性能的衡量指标,理解掌握性能测试相关的理论基础知识				

任务名称			区分判定软件的功能与性能			
组　　别		成员		小组成绩		
学生姓名				个人成绩		
任务 要求	按照任务目标,针对给定软件系统的初步用户需求调研信息,明确系统的功能与性能,在实际性能测试操作实践之前,深刻理解性能测试的有关基础理论知识,做到理论与实践相结合					
资讯 (知识梳理)						
计划 决策						
任务 实施						
任务 检查						
任务 评估						
思想 提升	《左传》中提到:"度德而处之,量力而行之。"意思是做人要依照道德的标准来处事,依照能力来办事。如果能很好地衡量自身的道德和能力,凡事从实际出发,恰在其位,就能发挥最大的作用。那么,对于软件系统而言,应如何理解性能测试的重要性?					

任务准备

活动 1　认识软件性能

1. 软件功能与性能的关系

软件功能是指软件系统所能够完成的任务或提供的服务。例如,一个电子邮件系统的基本功能应该包括发送、接收电子邮件,一个在线购物网站的功能应包括用户注册、商品浏览、添加购物车、结算等。

软件性能是与软件功能相对应的一种非常重要的非功能特性,它关注的不是软件能够完成哪些功能,而是在完成功能时对时间及时性、资源经济性的要求。简单来说,性能是在空间和时间资源有限的条件下,衡量软件系统的工作情况。

软件性能包括两个方面。

- 时间特性:软件系统运行越快,性能越好。
- 资源利用性:软件系统运行过程中占用系统资源越少,性能越好。

狭义地讲,软件性能是指软件在尽可能少地占用系统资源的前提下,尽可能高地提高运行速度。广义地讲,软件性能是指软件质量的属性,包括正确性、可靠性、易用性、安全性、可扩展性、兼容性和可移植性。

2. 不同视角的软件性能

(1)用户视角的软件性能

① 响应时间:软件系统执行速度是否快,响应是否及时,使用系统的体验如何?

② 稳定性:大量用户并发访问时,系统稳定性如何;提供持续服务的能力是否足够强?

(2)系统管理员视角的软件性能

① 资源利用率:服务器的资源使用状况是否合理,应用服务器和数据库的资源使用状况是否合理?

② 系统可扩展性:系统是否能够实现扩展?

③ 系统容量:系统最多能支持多少用户的并发访问? 系统最大的业务处理量是多少?

④ 系统稳定性:系统能否支持 7×24 小时的不间断正常运行?

(3)软件开发人员视角的软件性能

① 系统架构:架构设计是否合理?

② 数据库设计:数据库设计是否存在问题?

③ 代码:代码是否存在性能方面的问题? 系统中是否有不合理的内存使用方式?

④ 设计与代码:系统中是否存在不合理的线程同步方式? 系统中是否存在不合理的资源竞争?

(4)测试人员视角的软件性能

① 测试人员需要考虑全面的性能,包括用户、开发、管理员等各个视角的性能;

② 性能测试人员既要能够准确把握软件的性能需求,又要能够准确定位引起性能瓶颈的制约因素和根源。

③ 软件性能测试工程师要对性能问题进行监控、分析,模拟实际使用过程中所出现的性能问题。

④ 对测试出的各种性能问题,测试人员要提供充分有力的数据,为后续的分析和定位性能问题、性能优化工作做好充分的准备。

3. 软件性能的影响因素

一个软件系统的性能表现受到很多因素影响,主要因素包括以下几个方面。

- 硬件设施:硬件的部署结构、设备配置等。
- 网络环境:客户端带宽、服务器端带宽等。
- 操作系统:操作系统的类型、版本、参数配置等。
- 中间件:类型、版本、参数配置等。
- 应用程序:应用程序的性能等。
- 并发用户数:系统当前访问状态、并发用户数等。
- 系统数据量:系统数据量大小等。

系统中哪一个环节出现了性能瓶颈,都会严重影响系统的运行性能。

活动 2　性能测试的概念及其指标

微课 6-1
认识性能
测试

1. 性能测试的概念

软件测试作为保证软件质量的重要手段,是软件过程中一个必不可少的环节。性能测试属于软件测试中的系统级测试,它对软件在集成系统中运行的性能行为进行测试,旨在及早确定和消除软件中与构架有关的性能瓶颈。性能测试是指通过自动化的测试工具模拟多种正常、峰值以及异常负载条件来对系统的各项性能指标进行测试。性能测试目的明确,事先有明确的性能指标,并要求在严格的测试环境和所定义的测试负载情况下进行,获得不同负载情况下的性能指标数据。

性能测试针对系统的性能指标,建立性能测试模型,制定性能测试方案以及监控策略,在场景条件之下执行性能场景,分析判断性能瓶颈并调优,最终得出性能测试结果来评估系统的性能指标是否满足既定值。

性能测试通过模拟生产运行的业务压力量和使用场景,来测试系统的性能是否满足软件的性能要求。通俗地说,就是要在特定的运行条件下验证软件系统的处理能力。性能测试的特点总结如下。

① 性能测试的主要目的是验证软件系统是否具有预期的能力。

② 性能测试要事先了解被测试系统的具体使用场景,并具有确定的性能目标。

③ 性能测试要求在已经确定的环境下运行。

也就是说,性能测试是对系统性能已经有一定了解,对需求有明确的目标,且在已经确定的环境下进行的一种测试。

2. 性能指标

衡量软件的性能,需要从软件效率的时间特性和资源利用率来考虑。时间特性是指在规定条件下,软件产品执行其功能时,提供适当的响应和处理时间以及吞吐率的能力。资源利用率是指在规定条件下,软件产品执行其功能时,使用合适数量和类别的资源的能力。

因此,性能测试的指标涉及时间指标、容量指标和资源利用率指标,具体如下。

（1）响应时间

响应时间是系统对用户请求作出响应所需要的时间。

从用户角度来说,软件性能就是软件对用户操作的响应时间,即用户从客户端发起请求开始,到客户端接收到服务器端返回的结果信息,整个过程所耗费的时间。

（2）吞吐量

吞吐量是指单位时间内系统能够完成的工作量,它衡量的是系统服务器的处理能力。

从业务的角度看,吞吐率可以用请求数/秒、页面数/秒、访问人数/天、处理业务数/小时来衡量。例如,在银行卡审批系统中,可以用"千件/小时"来衡量系统的业务处理能力。从网络的角度,吞吐率可以用字节/秒来衡量。

吞吐量指标主要用于协助设计性能测试场景,以及衡量性能测试场景是否达到了预期的设计目标。比如根据估算的吞吐量数据,可以预测事务发生的频率,事务发生次数等。

吞吐量指标还可以用于协助分析性能瓶颈。吞吐量的限制是性能瓶颈的一种重要表现形式,因此,有针对性地对吞吐量设计测试,可以协助尽快定位性能瓶颈所在的位置。

（3）点击率

点击率是指用户每秒向 Web 服务器提交的 HTTP 请求数,这个指标是 Web 应用特有的一个性能指标,通过点击率可以评估用户产生的负载量,并且可以判断系统是否稳定。所以,点击率更能体现用户端对服务器的压力。

这里的点击不是指鼠标的一次"单击"操作,因为一次"单击"操作中,客户端可能向服务器发送多个 HTTP 请求。

（4）并发用户数

并发用户数是指同一时间请求和访问的用户数量。

并发用户数量越大,对系统性能的影响越大,可能会导致系统响应变慢、系统不稳定等。

（5）资源利用率

资源利用率是指软件对系统资源的使用情况,包括 CPU 利用率、内存利用率、磁盘利用率、网络带宽等。

3. 性能测试的应用领域

性能测试的应用场景主要有:能力验证、规划能力、性能调优、缺陷发现、性能基准比较。

（1）能力验证

在这种应用场景下,性能测试主要关注在已确定的软硬件环境下,系统能否具有预期的表现能力。能力验证在已确定的环境下运行,依据事先已明确的性能目标,根据典型场景设计测试方案和用例。能力验证是性能测试中最简单也最常用的一个应用场景。

（2）规划能力

在这种应用场景下,性能测试关注如何使系统具备要求的性能能力。它是一种探索性的测试,常用于了解系统性能和获得扩展性能的方法。该场景在测试过程中,通过负载测试等方法获知系统的性能表现,通过调整硬件设备、调整参数等方法获得系统的扩展性能表现。

（3）性能调优

在这种应用场景下,性能测试主要用于对系统性能进行调优。性能调优时,每次不要调整过多的参数配置,否则很难判断哪个参数的调整对系统产生了较为有利的影响,同时应避免无止境的调优。

（4）缺陷发现

在这种应用场景下,性能测试属于发现缺陷或问题重现、定位的一种手段。作为系统测试的补充,性能测试用来发现并发问题,或是对系统已经出现的问题进行重现和定位。

（5）性能基准比较

在这种应用场景下,性能测试不设定明确的性能目标,通过建立性能基线,对比每次迭代中的性能表现变化,从而判断迭代是否达到了目标。

性能基准比较常用于敏捷开发过程中。敏捷开发流程的特点是快速试错,迭代周期短,需求变化频繁,采用的是"递增"的开发方式,较难一次性定义完善的性能测试目标,也无法在每个迭代开展详细的性能测试。因此,需要通过性能基准比较,在每次迭代中对应用进行性能检查,保证应用的性能随着每次迭代处于良好的状态。

通常在某个性能场景要联合使用多种性能测试方法一起进行性能测试,表6-1为性能测试应用领域与测试方法的关联。

表6-1　性能测试应用领域与测试方法的关联

测试应用领域	能力验证	规划能力	性能调优	缺陷发现	性能基准比较
负载测试	√	√	√		
压力测试	√	√	√	√	√
并发测试				√	√
稳定性测试	√				
可靠性测试	√				
配置测试		√	√		

 任务实施

A软件公司承接了B企业的网上购物系统的开发工作,软件工程师小张通过与用户访谈的方式,进行了初步的用户需求调研,获取了一些简要需求信息如下:购物网站系统能够实现会员（会员数为5000人）的管理,满足基本的商品展示与销售、支付业务;每天保证支持2000个订单的处理;同时希望网站系统能够可靠运行,快速响应,希望系统的响应时间在2秒左右等。

根据以上用户调研需求的描述,可以明确该网上购物系统的功能与性能如下。

● 功能要求:购物网站系统实现会员注册、商品管理、购物车管理、订单管理、支付等基本功能。

● 性能要求:购物网站系统应保证运行可靠、稳定,避免出现系统崩溃;软件应尽量做到响应快速、操作简便,一般操作的响应时间在2秒左右;支持5000个注册用户,支持处理

2000 个订单/日等。

　　从以上网上购物系统的部分简要需求来看,软件功能与性能本质区别在于:软件功能关注软件系统能为用户做什么,能够满足用户什么样的需求,即"做什么";软件性能关注软件在完成该功能时展示出来的情况如何,即"做得如何"。

　　根据以上用户调研需求的描述,可以明确性能测试指标如下。

　　① 响应时间:针对性能要求中所描述的"一般操作的响应时间在 2 秒左右",需要测试购物网站系统的响应时间。

　　② 吞吐量:针对性能要求中所描述的"支持处理 2000 个订单/日",需要测试购物网站系统的吞吐量,也就是单位时间内系统能够完成的工作量,以此来衡量服务器的处理能力。

　　③ 并发用户数:针对性能要求中所描述的"软件应保证系统运行稳定,避免出现系统崩溃",需要测试同一时间请求和访问购物网站系统的用户数量。并发用户数量越大,对系统的性能影响越大,可能会导致系统响应变慢、系统不稳定等。

　　④ 资源利用率:针对性能要求中所描述的"软件应保证系统运行稳定,避免出现系统崩溃",需要测试购物网站系统所部署服务器资源的使用情况,包括服务器端 CPU 利用率、内存利用率、磁盘利用率以及网络带宽等。

▶ 任务拓展

　　大多数性能问题都围绕着速度、响应时间、加载时间和可伸缩性展开。运行速度通常是应用程序最重要的指标之一,是许多性能问题中的一个普遍因素。运行缓慢的应用程序将失去潜在的用户。执行性能测试的目的之一在于确保应用程序运行足够快,以保持用户的注意力和兴趣。以下为常见的性能问题:

　　● 较长的加载时间:加载时间通常是启动应用程序所需的初始时间,通常应将其最小化。如果可能的话,加载时间应保持在几秒钟之内。

　　● 响应时间差:响应时间是指从用户向应用程序中输入数据到应用程序输出对该输入的响应为止所花费的时间。

　　● 可伸缩性差:软件产品无法处理预期的用户数量或无法容纳足够多的用户时,其可伸缩性就会很差。应该进行负载测试,以确保应用程序可以处理预期的用户数量。

　　● 性能瓶颈:瓶颈是导致系统整体性能下降的障碍。瓶颈是指在某些负载下出现编码错误或硬件问题导致吞吐量降低的情况。瓶颈通常是由一段错误的代码引起的。解决瓶颈问题的关键是找到导致速度下降的代码部分,然后尝试进行修复。通常可以通过修复运行不良的流程或添加其他硬件来解决瓶颈。一些常见的性能瓶颈包括 CPU 利用率、内存利用率、网络利用率、操作系统限制、磁盘使用情况等。

任务实训

任务单:分析性能测试指标实训任务单

任务名称	分析性能测试指标实训				
组　　别		成　员		小组成绩	
学生姓名		个人成绩			
实训任务	某证券系统中某个业务的实际需求为:系统总容量达到日 5000 万笔,成交 8000 万笔,系统处理速度为 6500 笔/秒,峰值处理能力达到 10000 笔/秒。 通过以上软件需求,分析其性能需求涉及哪些性能测试指标				
实训目的	1. 准确阐释性能测试的基本概念; 2. 正确理解软件性能的具体衡量指标; 3. 认真、仔细地阅读分析被测系统的需求说明,具备将理论知识内化于心,运用到实践中的职业素养				
实训要求	1. 做好实训预习,掌握并熟悉本实训中所需要的软件性能测试基础理论知识; 2. 提前了解被分析系统的需求说明				
实训标准	1. 理解软件性能测试的基础知识(40%); 2. 将性能测试理论知识运用到实践中,针对具体系统的需求说明,能准确区分判定软件性能及其性能指标(40%); 3. 实训报告(20%)				
实训设备工具					
实训过程步骤					
实训结果					
实训总结					

任务 2　组织开展性能测试

任务描述

拿到一个测试项目后,如何开展性能测试工作?性能测试的步骤有哪些?本任务主要介绍性能测试的方法,以及性能测试的整个开展过程,并结合实例分析如何开展性能测试。

组织开展、参与性能测试项目,是与人合作、团队协作的过程。从最初的需求分析,编写测试计划、测试用例,执行测试,到产品验收、上线等,都需要测试人员之间的协作,以及测试人员与开发人员、项目经理的配合,需要测试人员全盘考虑各种问题。因此,学生在实际项目中应具备全面思考问题的能力,以及良好的团队合作意识和沟通能力。

任务工单

任务工单:组织开展性能测试

任务名称	组织开展性能测试				
组　　别		成员		小组成绩	
学生姓名				个人成绩	
任务 目标	准确理解性能测试类型和方法,合理规划具体项目的性能测试流程				
任务 要求	按照任务目标,针对一款在线游戏软件组织开展性能测试,合理规划测试流程;测试过程中具备良好的沟通能力与团队合作意识				
知识 梳理					
计划 决策					

续表

任务名称	组织开展性能测试				
组　别		成员		小组成绩	
学生姓名				个人成绩	
任务 实施					
任务 检查					
任务 评估					
思想 提升	《孙子兵法》中提到:"上下同欲者胜",意思是:军心稳固,全军上下同心协力会取得胜利。在实际工作中,软件测试是一项团体工作,大型项目性能测试活动是一项比较复杂的工作。团体测试工作中,应如何理解团队协作的重要性? 除此之外,还应该具备哪些优秀的品质				

▶ 任务准备

活动 1　性能测试方法

1. 负载测试

负载测试的方式是:在被测软件系统上不断加压,直到性能指标达到极限状态,例如响应时间超过预定指标或某种资源已经达到饱和状态。该方法具有以下特点。

① 负载测试方法的主要目的是找到系统处理能力的极限。

② 负载测试方法需要在已知的测试环境下进行,通常也需要考虑被测试系统的业务压力和典型场景,使得测试结果具有业务上的实际意义。

③ 负载测试方法一般用来了解系统的性能容量,或是配合性能调优来使用。

2. 压力测试

压力测试用来测试在一定饱和状态下(例如 CPU、内存的饱和使用),软件系统处理会

微课 6-2
性能测试
类 型 和
流程

209

话的能力,以及系统是否会出现错误。该方法具有以下特点。

①压力测试方法的主要目的是检查系统处于压力性能下时,软件应用的具体表现。

②压力测试方法一般通过模拟负载测试等方法,使得系统的资源使用达到较高的水平。

③压力测试方法一般用于测试系统的稳定性。

3. 并发测试

并发测试通过模拟用户并发访问,测试多用户并发访问同一个软件、同一个模块或者数据记录时是否存在死锁或其他的性能问题。该方法具有以下特点。

①并发测试方法的主要目的是发现系统中可能隐藏的并发访问问题。

②并发测试方法主要关注系统可能存在的并发问题,例如系统中的内存泄漏、线程锁和资源并用方面的问题。

③并发测试方法可以在开发的各个阶段使用,需要相关测试工具的配合和支持。

4. 配置测试

配置测试通过对被测系统的软/硬件环境的调整,了解各种不同环境、因素对软件系统性能的影响程度,从而找到系统各项资源的最优分配原则。该方法具有以下特点。

①配置测试方法的主要目的是了解各种不同因素对系统性能影响的程度,从而判断出最值得进行的调优操作。

②配置测试方法一般在对系统性能状况有初步了解后才进行。该测试方法通过不断地调整网络环境及服务器参数设置、更换硬件设备等,比较每次测试结果,确定对系统性能影响最大的因素。

③配置测试方法一般用于性能调优和软件处理能力的规划。

配置测试的关注点是"微调",通过对软硬件的不断调整,找出软件系统的最佳状态,使软件系统达到一个最稳定的状态。

5. 可靠性测试

可靠性测试在给系统加载一定业务压力的情况下,使系统持续运行一段时间,以此测试系统在这种压力条件下是否能够稳定运行。该方法具有以下特点。

①可靠性测试方法的主要目的是验证软件系统是否支持长期稳定的运行。

②可靠性测试方法需要在压力下持续运行一段时间。

③可靠性测试过程中需要关注系统的运行状况。

可靠性测试的关注点是"稳定",不需要给系统太大的压力,只要系统能够长期处于一个稳定的状态即可。

活动 2 性能测试基本过程

1. 性能测试需求分析

性能需求分析是整个性能测试工作开展的基础,性能测试需求分析的准确性直接关系着测试的充分性和测试结果的有效性,直接影响到性能测试的结果。

性能需求分析需要明确被测试系统的架构、平台、协议等相关技术信息,明确被测系统的基本业务、关键业务等,明确性能测试点;明确被测系统未来的业务拓展规划以及性能需求,明确性能测试策略以及性能测试的指标。

性能测试需求分析包括以下几个方面的内容。

(1)系统信息调研

该阶段主要明确被测信息系统的技术架构和业务功能。

对被测试系统进行技术架构分析,需要对其有全面的了解和认识,这是做好性能测试的前提,而且在后续进行性能分析和调优时将会大有用处。

对被测试的业务进行分析能够方便后续确定性能测试场景以及性能测试指标。

(2)确定性能测试点

可以从下面几个方面确定被测系统的性能测试点。

- 业务角度:用户使用频率较高的关键核心业务功能。
- 技术角度:逻辑复杂度高的业务以及数据量大的业务。

具体介绍如下。

1)核心业务

首先要满足关键核心业务的性能测试要求。如电商行业、金融交易行业的主要业务就是交易,那么下单、付款等接口即为性能测试点。

2)高访问量的功能点

根据系统各个功能点的访问量(可以统计不同时间粒度下的请求量,如小时、日、周、月)确定性能测试点。如果访问量很高,表明该功能点承受压力大,如果其又是关键业务,那么基本可以确定该功能点为测试点。

3)业务逻辑复杂度

业务复杂度高的功能点通常是核心业务且请求访问量高,应被选为性能测试点。如果一个主要业务的请求访问量不高,业务逻辑却很复杂,也需要进行性能测试,原因是在分布式的调用中,若某一个环节响应较慢,就会影响到其他环节,严重影响系统的正常运行。

(3)确定性能指标

性能需求分析的一个很重要的目标就是确定后期性能分析所需的性能指标。可以根据具体项目选取和设定指标类型,具体的指标值需要根据业务特点进行设定。有些软件具有明确的性能指标,而有些则需要对软件系统的业务特点、技术特点、应用情况、用户体验等进行综合分析后获取。确定性能指标时面临的情况有以下几种。

1)有明确的性能测试需求文档

此时可以通过需求(或与客户的交流)定义明确的性能指标。同时测试人员需要及时介入性能测试需求文档,根据经验从客户的角度挖掘更多、更重要的性能指标。

2)无明确的性能测试需求文档

一般来说,可以从以下途径获取性能指标。

- 产品历史版本或相似版本的性能指标:可以借鉴历史版本中的用户并发指标。

- 客户数据:从业务层面分析客户数据,比如同时访问的最大用户数。这种分析可以为测试人员提供负载测试的基准。采用客户数据分析性能指标还需要考虑后期的扩展性。

- 运行基准测试:主要适用于明确了负载而没有明确指标衡量标准的情况,比如需要得知在系统间传输 N 个大小为 1 MB 的消息所需的传输时间。此时,需要运行基准测试,观测在没有其他外界干扰的情况下,传输一个 1 MB 消息文件所用的时间,以这个时间为基准来评估传输 N 个文件所用的时间。

- 业界指标:虽然业界没有一致的业务层面的指标,但是对于一些操作系统指标,业界有统一的标准,比如 CPU 占用率不能持续高于 90%。

- 测试人员的经验:这种情况也比较常见,尤其是针对面向大众的产品。比如移动应用软件的性能需求比较难收集,但测试人员可以根据自己的感受提出相应的指标,然后汇总讨论,最终获取一些性能指标。

2. 性能测试设计

性能测试的设计与开发阶段包括测试环境准备,测试场景设计,测试用例设计,以及脚本、辅助工具的开发。

(1)测试环境准备

性能测试的执行结果与测试环境之间的关联非常大,测试环境准备是测试设计中不可缺少的环节。测试环境准备包括系统的软、硬件环境、数据环境设计,还包括环境的维护方法。

(2)测试场景设计

场景设计是实施性能测试的基础,只有合理的设计测试场景才能获得有价值的测试数据,为接下来的确认瓶颈、系统调优打下基础。场景体现的是用户实际运行环境中具有代表性的业务使用情况。

例如,某项需求为:系统支持 400 个并发,用户信息查询的响应时间小于 3 秒。此时可以将 400 个并发持续运行 20 分钟,通过测试结果验证用户信息查询的响应时间是否小于 3 秒。

又比如,系统在 50、100、150、200、250、300、350、400 并发下的运行情况。此时可以从 50 个并发开始,每隔 10 分钟增加 50 个并发,将目标并发数设置为 400,到达目标并发数之后再运行 10 分钟,然后每隔 20 秒停止 50 个并发。通过测试工具监控响应时间、事务处理速率、主机资源使用情况、中间件资源使用情况及数据库运行情况。

(3)测试用例设计

在设计完测试场景之后,为能够通过测试工具把场景体现出来,并能用测试工具顺利执行测试,需要针对每个测试场景规划出相应的工具部署方案、应用部署方案、测试方法和步骤,该过程就是测试用例设计。

测试用例是对测试场景的进一步细化,细化内容包括场景中设计业务的操作序列描述、场景需要的环境部署等。以用户登录场景为例,要将其细化为用例,就需要描述登录业务的具体步骤:进入登录页面→输入正确的用户名和密码→点击登录按钮→登录成功,判断登录成功的方式是登录成功页面中显示"欢迎您"文本。

测试用例举例如表 6-2 所示。

表 6-2　测试用例设计举例

用例编号	Itinerary-01
测试目的	测试 50 个虚拟用户并发时，系统订票的响应时间。
用户并发数	50 个
模拟用户行为	进入登录页面（网站主页）→输入用户名和密码，单击"login"按钮→进入首页，单击"Itinerary"按钮进入订票信息页面。
预期结果	系统对订票信息页面的响应时间不能超过 5 秒。

（4）脚本和辅助工具开发

脚本和辅助工具的开发是测试执行之前的最后步骤，测试脚本是对业务操作的体现，一个脚本一般就是一个业务过程的描述。除脚本外，测试辅助工具也需要在本阶段进行开发。

测试脚本的开发通常基于"录制"。依靠工具提供的录制功能，可以将需要性能测试关注的业务操作一遍，然后对录制后的脚本进行修改和调试，确保其可以在性能测试中顺利使用。最常用的脚本修改和调试技巧是参数化、关联、检查点等。

3. 性能测试执行与管理

测试执行与管理的主要工作包括搭建合适的测试环境，部署测试脚本和测试场景，执行测试并记录测试结果。

（1）搭建测试环境

搭建测试环境是一个持续性的活动，在测试过程中，可能会根据测试需求不断调整。测试环境包括硬件、软件系统环境的搭建，数据库环境建立，应用系统的部署，系统参数设置以及数据环境准备等。

测试环境搭建完成之后，环境的维护也是一项重要的工作。性能测试的每次运行都可能产生大量的测试数据，而且性能测试可能需要部署大量的测试辅助工具和程序。为实现测试结果的可比性，一般需要在每次测试结束后恢复初始的测试环境，如果管理不善，该恢复工作经常会引起非常大的混乱。

每次运行新一轮的测试之前，可以通过以下几项内容检查环境的可用性。

● 硬件环境：对照硬件拓扑结构图，检查硬件环境是否与拓扑描述一致。

● 软件环境：对照软件环境列表，检查软件环境是否与软件环境列表中的描述一致，应用部署是否成功，测试辅助工具是否部署成功。对照软件参数设置表，检查软件参数设置是否符合要求。

● 数据环境：对照数据要求描述，检查数据是否与数据要求描述一致；通过数据维护脚本或是其他方式，检查上一次测试是否有额外的数据没有清除。

（2）部署测试脚本和设计测试场景

在完成测试环境搭建之后,接下来就可以部署测试脚本、设计测试场景。部署测试脚本和设计测试场景可以通过性能测试工具本身提供的功能来实现。部署最终需要保证场景与设计的一致性,保证需要监控的计数器都已经部署好相应的监控手段。

（3）运行测试和记录结果

在测试工具的辅助下,测试执行是非常简单的操作,一般只需要使用工具中的菜单或是按钮就可以完成。通过测试工具的监控模块或者一些操作系统监控工具,可以记录测试结果,获取并记录需要关注的性能计数器的值。

4. 性能测试结果分析

测试分析过程用于对测试结果进行分析,根据测试的目的和目标给出测试结论。

性能测试的挑战很大程度上体现在对测试结果的分析上,可以说,每次性能测试结果的分析都需要测试分析人员对软件性能、软件架构和各种性能指标具有相当程度的了解。

测试分析是一个灵活的过程,很难给出一种具体的、能适应各种性能测试需要的、统一的活动列表。性能测试的分析需要借助各种图表,一般的性能测试工具都提供报表模块来生成不同的图表。

5. 性能测试报告与总结

测试报告用于展示性能测试的最终数据结果,展示系统性能是否符合需求,是否有性能隐患。性能测试报告中需要阐明性能测试目标、性能测试环境、性能测试数据构造规则、性能测试方法、性能测试结果、性能测试调优说明、性能测试过程中遇到的问题和解决办法等。

性能测试工程师完成本次性能测试后,需要将测试结果进行存档,将其作为下一次性能测试的基线标准,具体包括性能测试结果数据、性能测试瓶颈和调优方案等。同时需要将测试过程中遇到的问题,包括代码瓶颈、配置项问题、数据问题和沟通问题,以及解决办法或解决方案,进行总结。

活动 3　性能测试过程的管理与支持

1. 项目组织和管理过程

良好的项目组织和管理是一个项目成功的基础。在项目组织阶段,主要任务是组建项目团队。另外,还包括项目的启动、采购、变更控制等管理内容。通常,一个性能测试团队中,主要包括如下角色和人员职责。

（1）测试经理角色

测试经理角色负责整个测试项目,对项目的进度负责,其具体的职责包括确定测试目标、制定测试计划、监控计划执行、处理测试项目干系人的交互等。项目测试经理必须具有项目经理的基本技能,能掌控项目的进行。

（2）测试设计角色

测试设计角色的职责为设计测试方案和用例。该角色应该具有较强的业务能力,能够根据用户和软件需求,从业务的角度分析和整理典型场景,识别出性能需求,并制定出合理可行的测试方案和用例。

（3）测试开发角色

测试开发角色负责实现测试设计人员设计的方案和用例，负责测试脚本的编写和维护，确定测试过程中需要监控的性能指标。

（4）测试执行角色

测试执行角色按照测试方案和用例，用测试工具组织和执行相应脚本，监控相关的性能指标，记录测试结果。

（5）测试分析角色

测试分析角色需要获得测试执行人员的测试结果，对照测试目标分析测试数据和测试过程中获取的性能指标，得出测试结论。针对不同的测试目标，测试分析得出的结论会侧重于不同的方面。

（6）支持角色

支持角色包括系统工程师、网络工程师和数据库工程师。系统工程师主要处理性能测试过程中与环境相关的内容，为测试过程提供支持；网络工程师则负责维护测试环境中的网络环境，对测试结果分析提供支持；数据库工程师则负责维护测试环境中数据库环境的相关内容，并能为测试分析人员提供结果分析上的支持。

2. 文档过程

文档项目是测试的一项重要内容。在测试过程中，应形成相应的文档，并作为记录进行保管。文档是沟通、交流的基础，是工作延续的保证，有利于未来测试工作的回归和追溯。在测试过程中主要形成的文档有项目工作计划、测试需求分析文档、测试执行方案、测试记录、测试分析结果及报告，以及各种沟通交流的记录等。

3. 监督和控制过程

为了保证测试的正确和有效，应加强测试过程中的监督，可以建立工作汇报制度（如项目组定期汇报、项目组人员提交周报等），以保证监督的执行。

4. 技术支持过程

测试执行过程中，应获得开发人员、用户的支持，必要时还应获得外部机构的技术支持，如咨询服务商、测试工具提供商提供的技术服务等。测试人员应进行必要的技术培训。

5. 评审和评价过程

应对所有文档和活动进行评审和评价。在项目的开展过程中，各项工作可由不同的人员分工完成，项目负责人应认真审核这些过程文档与活动，保证最终测试的完整性和正确性，提高测试成功率，保证测试的有效性。同时，项目负责人应对上一阶段的工作进行评价，以发现不足和确定下一步工作，并在下一步工作中改进不足。

6. 沟通和交流过程

在测试过程中，应加强项目内部的沟通和交流，同时还要及时与开发人员、用户进行交流和沟通。项目负责人需要了解项目的进展情况、测试方法及用例的使用情况，及时发现问题，针对问题进行相应调整;另外,项目负责人应根据项目的实际情况与用户或开发人员进行定期沟通,并对沟通情况进行记录,以便让用户或开发人员及时了解测试工作的进展情况。

> **任务实施**

项目背景:某游戏公司推出了一款新的在线游戏软件,要求具有高性能、高并发性、高可用性。为确保用户的良好游戏体验,公司决定在正式发布上线前对游戏软件进行性能测试。

1. 测试需求分析

在项目前期,测试团队首先进行测试需求分析,据此来确定测试目标。通过团队讨论,确立了以下的测试目标。

- 针对目标场景下的指标进行基准测试,并得到高可用性的性能数据。
- 测试流量下的异常场景,确定系统的负载能力及扩展架构。
- 通过性能测试结果来查找和定位系统的瓶颈,在代码层面进行优化以提升系统吞吐量及性能表现。
- 分析用户最有可能使用系统的行径模式及环境和业务决策。

2. 测试设计

在前期测试需求分析的基础之上,按照测试目标,测试团队进行测试设计。针对要测试的业务模式,设计了具有以下典型意义的场景。

- 具有 100~10000 个并发用户。
- 负载测试,根据实际场景数据模拟用户操作习惯。
- 容量测试,获取应用程序在各个方面的性能和资源限制,并确定系统配置的极限。
- 24 小时稳定性测试,保证系统在持续 24 小时真实环境下的高可用性。

3. 测试执行

项目团队利用了 1 个月的时间从测试需求分析、测试设计进入到测试执行阶段。具体执行内容如下。

- 基准测试:在低负载环境下按照预定的标准进行性能测试,使用单用户响应时间,服务器负载以及数据库处理能力等评估指标。测试结果显示,系统每秒事务处理能力为 7500 件/秒,平均响应时间为 0.4 秒,CPU 使用率为 75%,内存使用率为 65%。
- 负载测试:使用模拟混合负载的测试方法,在同一时刻模拟大量高并发用户同时访问系统,测试结果显示,系统每秒事务处理能力为 13800 件/秒,平均响应时间为 2 秒,最大响应时间为 4 秒,CPU 使用率为 89%,内存使用率为 85%。
- 容量测试:使用 LoadRunner 模拟并发用户访问系统,测试结果显示,系统每秒事务处理能力为 28000 件/秒,平均响应时间为 7 秒,最大响应时间为 15 秒,CPU 使用率为 99%,内存使用率为 95%。
- 稳定性测试:保证系统在持续 24 小时的真实环境下的高可用性,测试结果显示,系统 24 小时无故障时间通过,CPU 使用率为 80%,内存使用率为 90%。

4. 测试结果及异常分析

团队根据以上测试结果分析性能数据,有针对性地进行优化,例如清理 CPU 日志和数据库存储调优,以提高系统稳定性。分析过程举例如下。

- 负载测试:在高负荷下,响应时间开始大幅上升并且响应时间的标准差开始下降。这表明系统已达到其极限,可能无法容忍更多的用户。

- 容量测试:在大负载下执行测试时,发现系统性能大幅下降,这说明系统的极限并发访问量在 28000 左右。该结果表明系统还需要在某些方面进一步优化。

5. 性能测试报告

通过采用各种性能测试方式,测试团队得出了一份详细的测试报告。该报告概括了测试结果及其优化方案,并包括了性能测试的详细数据、结论和建议,以便游戏开发团队根据测试结果决定是否更改系统架构、代码或参数。最终,该游戏系统在经过不断测试和改进后成功上线,并获得了良好的用户反馈。

 任务拓展

1. 性能测试的 3 大类型

性能测试分为 3 大类型,分别是服务端性能测试、客户端性能测试和全链路性能测试。

服务端性能测试就是在确保功能正确的情况下,模拟多个用户对该功能进行操作,然后观察服务端系统的性能指标以及服务器资源的使用情况。其目的是验证系统是否能够达到预期的性能指标,发现系统存在的性能瓶颈,从而优化系统。

客户端性能测试是针对设备进行的测试,如针对移动端手机、嵌入式设备、IoT 和车载设备进行的测试。其主要流程是:从业务和用户的角度出发,设计合理且有效的性能测试场景,制定各性能场景下的客户端性能指标(内存、CPU、卡顿数、帧率、电量、加载时长等),并制定规范化的执行流程,按照执行标准执行性能场景,同时使用性能测试工具收集性能数据,并对数据进行分析,针对性能问题进行定位,配合开发人员进行修复、验证和发布,最后输出完整的性能报告。

全链路性能测试是针对整个链路的性能测试。大部分情况下,程序员对系统的测试都只在系统的内部进行,但一次完整的数据流不可能只在一个系统内流转。比如电商平台场景下,从客户下单到确认收货,这一次完整交易的数据流要经过很多系统(ERP 系统、仓库系统、配送系统、末端系统等),这些系统之间通过调用串成一条条链路,交易数据在链路上进行流转。全链路测试可分为全链路功能测试和全链路性能测试。

2. 全链路压测

(1)什么是全链路压测

全链路压测是一种全面测试系统的方法,通过模拟真实用户的请求和负载对整个系统进行压力测试,包括前端、后端、数据库等各个环节,以及中间的网络传输、负载均衡等。

全链路压测旨在发现系统中可能存在的性能瓶颈和问题,为持续调优提供数据支撑。

（2）全链路压测的适用场景

① 上线前的压力测试,全链路压测可以模拟真实用户场景,验证系统的性能、稳定性和可靠性。

② 系统升级前的测试,全链路压测可以验证系统升级后的性能表现,以及升级对系统的影响。

③ 突发事件应急响应,当系统发生突发事件时,全链路压测可以帮助快速定位问题,进行问题排查和修复。

④ 系统容量规划,全链路压测可以根据业务需求,评估系统的容量和资源需求,指导系统的容量规划。

⑤ 业务扩展时的测试,当业务需要扩展时,全链路压测可以验证扩展后的系统是否能够满足用户需求,以及扩展对系统的影响。

（3）全链路压测的难点和重点

① 测试数据准备。全链路压测需要模拟真实的用户场景进行测试,因此需要准备具有代表性的测试数据,包括用户的操作行为、请求参数、响应数据等。

② 负载模拟的选择。全链路压测需要模拟真实的用户负载,对于不同的系统和场景,负载模拟的方式和参数也不尽相同,需要根据具体场景进行选择和调整。

③ 测试环境的搭建。全链路压测需要在具有实际生产环境特征的测试环境中进行,包括硬件、软件、网络等各个方面。

④ 测试场景的设计。全链路压测需要根据实际的业务场景进行测试,对于不同的系统和场景,测试场景的设计也会有所不同。

⑤ 测试结果的分析和评估。全链路压测产生大量的测试数据和性能测试指标,需要对测试结果进行分析和评估,包括响应时间、吞吐量、并发量、错误率等多个方面。

▶ 任务实训

任务单:网上购物系统性能测试实训任务单

任务名称	网上购物系统性能测试实训				
组　　别		成　　员		小组成绩	
学生姓名		个人成绩			
实训 任务	针对网上购物系统进行性能测试,给出测试实施过程				
实训 目的	1. 准确理解性能测试的方法; 2. 掌握性能测试的基本流程; 3. 掌握性能测试的实施过程; 4. 在开展性能测试的过程中认真、仔细规划测试实施过程,具备细致、严谨的职业素养				

任务名称	网上购物系统性能测试实训				
组　　别		成　　员		小组成绩	
学生姓名		个人成绩			
实训 要求	1. 做好实训预习,掌握并熟悉本实训中所涉及的性能测试方法、性能测试基本流程; 2. 提前熟悉被测系统				
实训 标准	1. 理解性能测试方法(30%); 2. 规划性能测试实施过程(30%); 3. 细致、严谨的职业素养(20%); 4. 实训报告(20%)				
实训 设备 工具					
实训 过程 步骤					
实训 结果					
实训 总结					

任务 3　性能测试工具的使用

任务描述

性能测试过程中,如何进行并发测试? 如何自动收集测试结果? 如何重复执行测试? 可以使用测试工具来代替手工测试,即利用性能测试的自动化手段,来解决这一系列的问题。

本任务介绍了性能测试工具在性能测试自动化执行过程中的原理,以及目前主流的性能测试工具,并结合实例演示了性能测试工具 LoadRunner 的具体使用方法。

性能测试工具市场竞争激烈。自主创新是软件业发展的必由之路,从硬件到软件,我国的自主创新之路任重道远。在本任务的学习过程中,学生应通过质疑、解疑,培养创新思维、创新品质、创新个性和创新能力。

任务工单

任务工单:使用 LoadRunner 工具进行性能测试

任务名称	使用 LoadRunner 工具进行性能测试				
组　　别		成员		小组成绩	
学生姓名				个人成绩	
任务目标	熟练使用 LoadRunner 工具,录制、优化测试脚本,合理设计测试场景并运行,分析测试结果				
任务要求	以 LoadRunner 自带的 HP Web Tours Application 为例,使用 LoadRunner 进行性能测试。认真、仔细、耐心地开展测试工作,具备细致、严谨、规范、全面、快速录制(编写)、优化测试脚本的职业素养,完成 LoadRunner 工具的自动化测试				
资讯(知识梳理)					
计划决策					

续表

任务名称	使用 LoadRunner 工具进行性能测试				
组　　别		成员		小组成绩	
学生姓名				个人成绩	
任务 实施					
任务 检查					
任务 评估					
思想 提升	《论语》中提到:"工欲善其事,必先利其器。"意思是工匠想要做好工作,一定要先让工具锋利。目前,测试业界已经有很多好用的工具,能满足大多数场合的测试要求,使测试工作如虎添翼。那么,应如何理解测试工具在性能测试中的重要性				

▶▶ 任务准备

活动 1　认识性能测试工具原理

广义上讲,在性能测试过程中使用到的所有工具都可以称为性能测试工具。狭义上来讲,可以把性能测试工具分为服务器端性能测试工具与前端性能测试工具。服务器端性能测试工具也是测试人员通常所说的性能测试工具。LoadRunner、Jmeter 等服务器端压力性能工具能够支持产生压力和负载,录制和生成脚本,设置和部署场景,产生并发用户和向系统施加持续的压力。

1. 性能测试工具架构

（1）虚拟用户脚本生成器

虚拟用户脚本生成器(Virtual User Generator)通过 Proxy 方式实现,由 Proxy 作为客户端和服务器端之间的中间人,即接收来自客户端的数据包,记录并转发给服务器,然后接收服务器返回的数据流,记录并返回给客户端,通过这种方式截获并记录服务器和客户端之间的数据流,从而生成脚本。

（2）压力产生器

压力产生器（Player）根据脚本内容产生负载。如实际性能测试中需要产生 2000 个虚拟用户，则设置参数后压力产生器会在调度下生成 2000 个进程或线程，每个线程或进程都对指定的脚本进行解释执行。

（3）用户代理

用户代理（Agent）是运行在负载机上的进程，该进程与产生负载压力的进程或线程协作，接收调度系统的命令，调度产生负载压力的进程或线程。从这个意义上看，用户代理也是压力产生器的一部分。如使用一台 PC 可以顺利运行 100 个虚拟用户，而测试需要 1000 个虚拟用户的情况下，需要通过多台 PC 协作，"用户代理"可以帮助产生步调一致的虚拟用户。

（4）压力调度和监控系统

压力调度和监控系统（Conductor）是直接与用户进行交互的主要部分。压力调度可以根据用户的场景需求，设置各种不同脚本的虚拟用户数量，设置同步点等；监控系统主要用于在压力测试过程中对各种软硬件进行监控，如对数据库、服务器的主要性能表现情况进行监控。监控系统不是性能测试工具必需的部分，可以由软硬件系统自身的监控工具或者第三方监控工具替代。但是否有强大的性能计数器监控系统是衡量性能测试工具是否强大的指标之一。

（5）压力结果分析工具

压力结果分析工具（Analysis）将监控系统获取的性能计数器的值生成曲线图、折线图等各种图表，通过展现性能测试过程中的各种参数指标，来辅助测试人员进行测试结果的分析。也就是说，压力结果分析工具本身并不能进行性能结果分析，而只是提供多种测试数据的呈现方式。对这些数据进行分析则要依靠测试工程师的系统性能分析知识和经验。

2. 性能测试脚本录制的协议类型

性能测试工具录制的是服务端和应用之间的通信数据，性能测试工具提供了多种协议支持，选择何种协议取决于应用和客户端之间的通信协议。针对 Web 应用、C/S 应用、组件、服务、应用服务等，应选择的录制协议如下。

（1）Web 应用

Web 应用一般采用 HTTP/HTTPS 协议进行性能测试脚本录制。有些借助客户端运行组件扩展功能的 Web 应用，其客户端组件采用自定义 Socket 或其他协议与服务器进行通信，此时要在录制时选择多协议。

（2）C/S 应用

若客户端程序以 ADO、OLEDB 方式连接后台数据库，应根据后端数据库类型选择相应的协议。例如，若后端数据库是 Oracle，则在录制时选择 Oracle 协议。

若客户端程序以 ODBC 方式连接后台数据库，应选用 ODBC 协议。

若客户端和服务器之间通过自定义的 Socket 协议进行通信，应选用 Socket 协议。

（3）组件

COM/DCOM 组件应采用 COM/DCOM 协议,EJB 组件应采用 EJB 协议。

针对组件的测试,商业性能测试工具一般会提供一种直接测试组件接口性能的方法。

（4）服务

Web 服务应选用 WebService 协议,Mail 服务应选用 SMTP 和 POP 协议,FTP 服务应选用 FTP 协议,其他服务应根据具体的协议选择最接近的录制协议。

（5）应用服务器

Oracle 应用服务器应选用 Oracle Applicaton Server 协议,Sap 应用服务器应选用 Sap 协议,Tuxedo 应用服务器应选用 Tuxedo 协议,其他应用服务器应根据具体的协议选择最接近的录制协议。

活动 2　性能测试工具的选择与评估

1. 性能测试工具选择策略

性能测试的自动化过程离不开测试工具的辅助。在选择性能测试工具时,需要进行详细调研,结合实际需求来选取合适的测试工具。选择性能测试工具需要考虑的因素如下。

（1）测试实际需求

性能测试工具需要根据测试的实际需求来确定,因此,在选择性能测试工具之前,需要明确测试的实际需求,并将其与所选用的测试工具的功能特点进行对比。

（2）支持的协议和技术

选择性能测试工具时,还需要考虑测试工具所能支持的协议和技术。现代软件系统使用多种不同的网络协议和技术,例如 HTTP、SOAP、AJAX、JDBC 等。因此,在选择性能测试工具时,需要确保工具可以支持测试对象所使用的协议和技术,否则,测试结果的准确性将受到影响。

（3）扩展性

在软件系统的开发和后期应用中,系统架构、技术和协议等都可能随着时间而变化。因此,选择性能测试工具时,需要确保测试工具可以灵活地适应这些变化,具有可扩展性。

（4）易用性

随着性能测试工具功能的不断强大,很多测试工具在界面和配置选项方面比较复杂,增加了使用者的学习负担,降低了使用效率。因此,在选择性能测试工具时,需要确保工具具有良好的易用性。例如,如果工具提供了简单易用的 DSL 语言来描述测试场景和行为,那么使用者能够更加方便地进行测试。

（5）成本

最后需要考虑的因素是成本。商业性能测试工具成本相对较高,但其功能比较全面和完善,工具的可靠性和稳定性有一定的保证,可以享受专业的售后服务。免费开源工具功能有限,工具的稳定性和可靠性无法保证,缺少后期的专业维护。选择商业工具还是开源工具,需要结合公司的规模、项目的实际情况来综合决定。

综上所述,正确选择合适的性能测试工具需要考虑多种因素,根据实际需求来确定,同时也需要考虑工具支持的协议和技术、可扩展性以及易用性等因素。只有综合考虑这些因素,才能够选择出一个合适的、性能测试效果良好的工具。

2. 主流的性能测试工具

（1）商业工具

1）LoadRunner

LoadRunner 是一款 C/S 架构的商业版性能测试工具,通过模拟上千万用户实施并发负载及实时性能监测的方式来确认和查找问题,能够对整个企业架构进行测试。该工具支持的协议很多,社区资源强大,学习资源丰富,功能较完善。

2）QALoad

QALoad 是性能测试工具套件中的压力负载工具,是面向客户端/服务器系统、企业资源配置（ERP）和电子商务应用的自动化负载测试工具。QALoad 可以模拟成百上千的用户并发执行关键业务,完成对应用程序的测试,帮助测试人员根据所发现问题对系统性能进行优化,确保应用的成功部署。

3）WebLOAD

WebLOAD 是专门用于 Web 性能测试的性能测试和分析工具,用于自动执行压力测试。WebLOAD 通过模拟真实用户的操作,生成压力负载来测试 Web 的性能。

用户创建的是基于 JavaScript 的测试脚本,称为议程（agenda）,用于模拟客户的行为,衡量 Web 应用程序在真实环境下的性能。

（2）开源工具

1）JMeter

JMeter 是完全开源的性能测试工具,旨在执行测试和衡量性能。JMeter 可用于测试静态和动态资源,衡量 Web 动态应用程序的性能;可用于模拟服务器、服务器组、网络或对象上的繁重负载,以测试其强度或分析不同负载类型下的总体性能。其特点是:开源免费;非常小巧,不需要安装,但需要 JDK 环境;功能较强大,JMeter 设计之初只是一个简单的 Web 性能测试工具,但经过不断地更新扩展,现在可以完成数据库、FTP、LDAP、WebService 等方面的测试;提供了比较高级的扩展能力,允许用户自己定义和扩展新的协议支持;具备生成 HTML 测试报告和 Jenkins 集成的能力,便于实现一些基础的持续测试;社区比较完善,比较容易入门。

2）Locust

Locust 是一个简单易用、分布式的开源负载测试工具,使用 Python 代码定义用户行为,也可以仿真百万个用户。Locust 主要为网站或者其他系统进行负载测试,判断一个系统可以并发处理多少用户请求。Locust 是完全基于事件的测试工具,单机支持几千个并发用户的模拟。相比其他许多由事件驱动的应用,Locust 不使用回调,而是使用轻量级的方式处理协程。其特点是:支持模拟数百万的用户行为,能大幅提高单机的并发能力;占用内存少;跨平台且易于扩展;小巧轻量;支持二次开发;脚本灵活。

3）OpenSTA

OpenSTA 是一个免费的、开源的 Web 性能测试工具,能提供非常强大的脚本录制功能来执行性能测试。例如,模拟多个不同的用户同时登录被测试网站。其还能对录制的测试脚本按指定的语法进行编辑,以便进行特定的性能指标分析。其较为丰富的图形化测试结果大大提高了测试报告的可阅读性。

商用性能测试工具在易用性(脚本生成)、并发模型、统计指标上比开源免费的工具好很多,可以大大提高工作效率,降低使用难度,且统计指标更丰富。免费开源软件的优点是成本低,但使用难度大,统计指标少,在仿真能力上比较弱。

活动 3　LoadRunner 基本使用

微课 6-3
体验性能
测试工具

1. LoadRunner 简介

LoadRunner 是一种预测系统行为和性能的负载测试工具。通过模拟上千万用户实施并发负载及实时性能监测来确认和查找问题。LoadRunner 能够对整个企业架构进行测试,适用于各种体系架构的自动负载测试,能预测系统行为并评估系统性能。

LoadRunner 包括 VuGen、Controller、Analysis 三个部分。

VuGen 是用于创建 Vuser 脚本的工具。可以使用 VuGen 录制用户执行的典型业务流程,以此来开发 Vuser 脚本。使用此脚本可以模拟用户使用系统的实际情况。

Controller 可以从单一控制点轻松、有效地控制所有 Vuser,并在测试执行期间监控场景性能。

在 HP LoadRunner Controller 或 HP Performance Center 内运行负载测试场景后,可以使用 Analysis 分析运行结果数据。Analysis 图可以确定系统性能并提供有关事务及 Vuser 的信息。可以通过合并多个负载测试场景的结果来比较多个图。

2. LoadRunner 中的几个概念

以下是 LoadRunner 中重要的几个概念。

• Scenario:场景。所谓场景是指在每一个测试过程中发生的事件。

• Vusers:虚拟用户。LoadRunner 使用多线程或多进程来模拟用户对应用程序操作时产生的压力。一个场景可能包括多个甚至成千上万个虚拟用户。

• Vuser Script:脚本。用脚本来描述 Vuser 在场景中执行的动作。

• Transactions:事务。事务代表了用户的某个业务过程,需要衡量这些业务过程的性能。

• Rendezvous:集合。当测试多个用户并发时,每个用户执行该事务脚本的先后顺序是不确定的,所以得到的测试结果也并不是一个完全并发的极限测试结果。为解决这一问题,可以在开始事务之前,插入一个"集合点",那么在多用户执行时,就可以将用户请求停下来,直到用户数量达到满足的条件(默认是 100% 的用户都到达集合点)。然后,所有的用户将同时发出请求。

3. LoadRunner 测试基本流程

LoadRunner 测试涉及 4 个基本流程:开发测试脚本、设计场景、运行场景、分析测试结果使用 3 个主要功能模块来覆盖性能测试的 4 个基本流程。其中 Virtual User Generator 在创建脚本阶段使用,Controller 在定义场景阶段和运行场景阶段使用,Analysis 在分析结果阶段使用。

（1）开发测试脚本

LoadRunner 使用虚拟用户的活动来模拟真实用户对 Web 应用程序的操作,而虚拟用户的活动就包含在测试脚本中。LoadRunner 中使用 VuGen 组件开发测试脚本,具体包括以下内容。

1）录制脚本

VuGen 录制的是用户在录制期间执行的所有操作,且仅录制客户机和服务器之间的活动。

录制脚本前应首先进行选项设置、协议的选择以及脚本创建信息的设置。界面选项设置详见任务实施部分。

2）优化测试脚本

一般来说,使用 LoadRunner 的 VuGen 录制的脚本并不能直接用于测试,需要根据具体的测试需求,对脚本进行以下各方面的增强和调试。

① 添加思考时间:思考时间也被称为休眠时间,从业务的角度来说,该时间指的是用户在进行操作时,每个请求之间的间隔。对于交互式应用来说,用户在使用系统时,不大可能持续不断地发出请求,更一般的模式应该是用户在发出一个请求后,等待一段时间,再发出下一个请求。添加思考时间需要在脚本中加入思考时间函数 lr_think_time。

② 插入检查点:进行脚本回放时,可以设置文本检查点来检验页面之间的切换是否正确。检查点的原理是在某个操作执行完成后,检查服务器的返回页面上是否存在该检查点存有的文本信息。插入检查点需要在脚本中加入检查点函数 web_reg_find。

③ 脚本参数化:如果脚本执行多次,且每次执行时都需要改变某些内容的值(如模拟不同用户登录,用户名和密码不同),可以将需改变的内容设置成参数,参数值从参数列表中按一定顺序获取。比如要测试一个用户注册的功能,正常情况下注册的用户名和密码是不允许重复的。但 LoadRunner 录制完的脚本都是固定代码,如果直接进行并发测试,所有模拟用户在注册时输入的都是同一个用户名和密码,这样就会有很多错误请求无法到达服务端,也就不能产生预期的负载压力。这时候就需要使用参数化的技巧来实现测试。脚本参数化时参数取值方法有以下 4 种:直接用记事本编辑数据,直接添加数据文件,通过数据库添加数据,其他类型设置。

④ 添加事务:事务用于模拟用户的一个相对完整的、有意义的业务操作过程,例如登录、查询、交易、转账等。测试过程中引入事务可以衡量服务器执行某一个或几个操作的性能。在运行测试脚本时,LoadRunner 运行到某事务的开始点时,就会开始计时,运行到该事务的结束点后计时结束。添加事务时,开始与结束函数必须成对出现,事务的名称必须一致。添加事务需要在脚本中加入开始事务函数 lr_start_transaction 和结束事务函数 lr_end_transaction。

⑤ 集合点:集合点是一种控制虚拟用户行为的机制,该机制可以将一定数量的虚拟用户阻挡在一个操作点之前进行互相等待。在条件满足时,所有虚拟用户在同一时间进入下一个操作。添加集合点需要在脚本中加入集合点函数 lr_rendezvous。

（2）设计场景

场景描述在测试活动中发生的各种事件。一个场景包括一个运行虚拟用户活动的 Load Generator 机器列表,一个测试脚本的列表以及大量的虚拟用户和虚拟用户组。

Controller 提供手动场景和面向目标的场景两种测试场景。面向目标的场景是指,用户只需要输入期望达到的性能目标,LoadRunner 会自动设计场景完成测试。其使用起来比较简单,但灵活性较差。一般情况下使用手动场景设计方法,因为其能够更灵活地按照需求来设计场景模型,使场景能更好地接近用户的真实使用情况。

场景设计需要完成一个 4W+1H 的过程,包括配置虚拟用户、设置脚本、配置场景运行时间、设置负载策略、配置负载生成器 5 个环节,如图 6-1 所示。

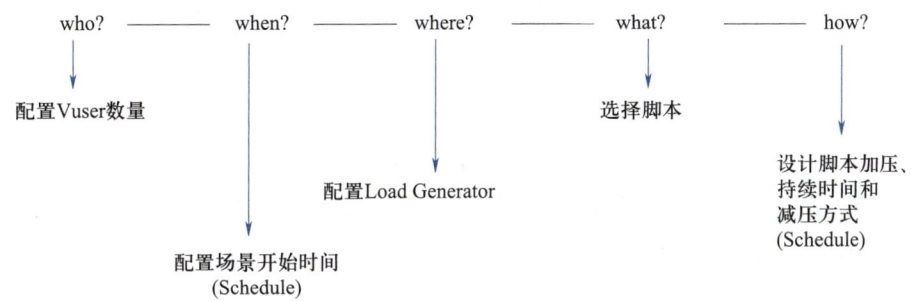

图 6-1　场景设计的 4W+1H 过程

（3）运行场景

设计好测试场景后,开始运行测试场景。在运行过程中,需要监视各个服务器（Data-Base Server、Web Server 等）的运行情况。

在场景设计界面,点击页面左下方的 Run 选项卡,进入场景运行界面。场景运行界面主要包括场景运行控制信息和数据图两部分,如图 6-2 所示。

① 场景组窗格:查看场景组内 Vuser 的状态。使用该窗格右侧的按钮可以启动、停止和重置场景,查看各个 Vuser 的状态,通过手动添加更多 Vuser 增加场景运行期间应用程序的负载。

② 场景状态窗格:查看负载测试的概要信息,可实时看到正在运行的虚拟用户 Vuser、运行时长、总成功/失败事务数、错误信息等数据。

③ 可用视图窗格:显示性能指标视图选项,如事务图、Web 资源图和系统资源图等。

④ 视图显示区域:显示可用视图中所选的性能指标视图。

（4）分析测试结果

运行完毕后调用 Analysis 模块对测试结果进行分析,生成、分析大量的图表、报告,最后得出测试报告。

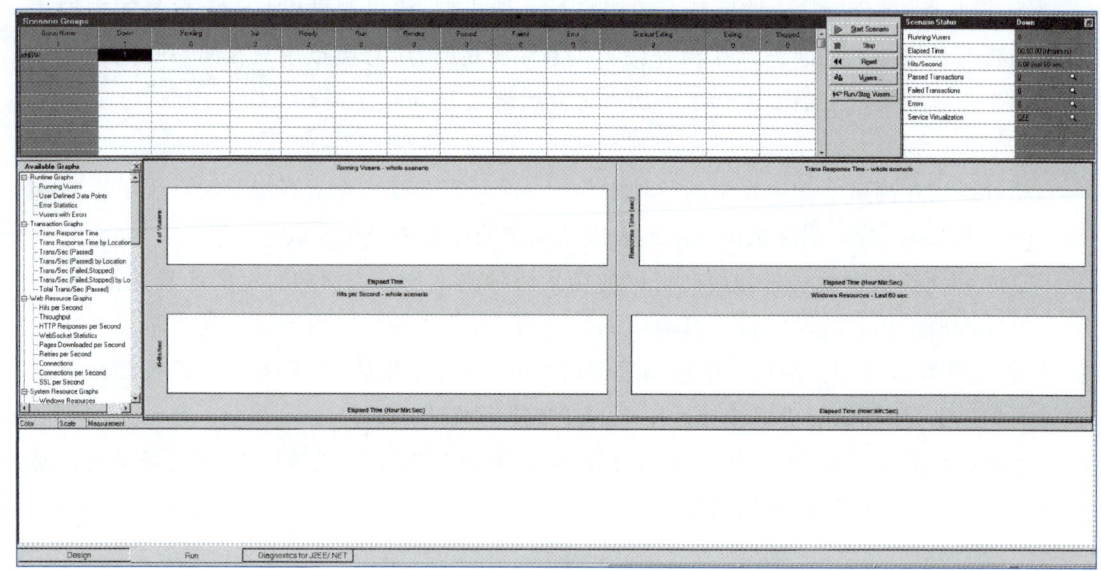

图 6-2　场景运行界面

Analysis 是 LoadRunner 提供的专门用于收集和提供负载测试数据的工具。在执行负载测试场景时,Vuser 可以在执行事务时生成结果数据。Analysis 工具提供图和报告以便于查看和了解数据。Analysis 提供的图如下。

• Vusers 图:通过 Vuser 图可以确定场景执行期间 Vuser 的整体运行情况。这些图会显示 Vuser 的状态、已完成脚本的 Vuser 数以及集合统计信息。将这些图与事务图相结合可以确定 Vuser 数目对事务响应时间的影响。

• Errors 图:在负载测试场景执行期间,Vuser 可能无法成功完成所有事务。可以通过错误图查看因错误而失败、停止或终止的事务的相关信息。使用错误图,可以查看场景执行期间所发生错误的摘要信息,以及每秒的平均错误数。

• 事务图:在负载测试场景执行期间,Vuser 会在执行事务时生成数据。利用 Analysis,可以生成显示整个脚本执行期间事务性能和状态的事务图。主要包括平均事务响应时间图、每秒事务数图、每秒事务总数图、事务概要图、事务性能概要图、事务响应时间(负载下)图、事务响应时间(百分比)图和事务响应时间(分布)图。

• Web 资源图:Web 资源图主要提供有关 Web 服务器性能的一些信息,使用 Web 资源图可以分析场景运行期间每秒点击次数、服务器的吞吐率、从服务器返回的 HTTP 状态代码、每秒 HTTP 响应数、每秒页面下载数、每秒服务器重试次数、服务器重试概要、连接数和每秒连接数。

任务实施

下面以 LoadRunner 安装时附带的样例程序 WebTours 为例,演示该工具的具体使用方法。录制登录订票系统、购票、退出操作业务流程的脚本,脚本录制完成后使用回放功能对脚本的正确性进行校验。在"购买机票提交保存"操作前添加集合点、设置事务和检查点,对登录用户名、密码进行参数化设置。

1. 录制脚本

录制前首先进行选项设置。

（1）打开 VuGen,选择"File"→"New Script and Solution"选项创建项目,弹出"Create a New Script"对话框,新建脚本,如图 6-3 所示。选择正确的协议,输入脚本名称、脚本存放位置、方案名称,单击"Create"按钮,成功创建脚本,进入 VuGen 的编辑界面。

微课 6-4
创建测试
脚本

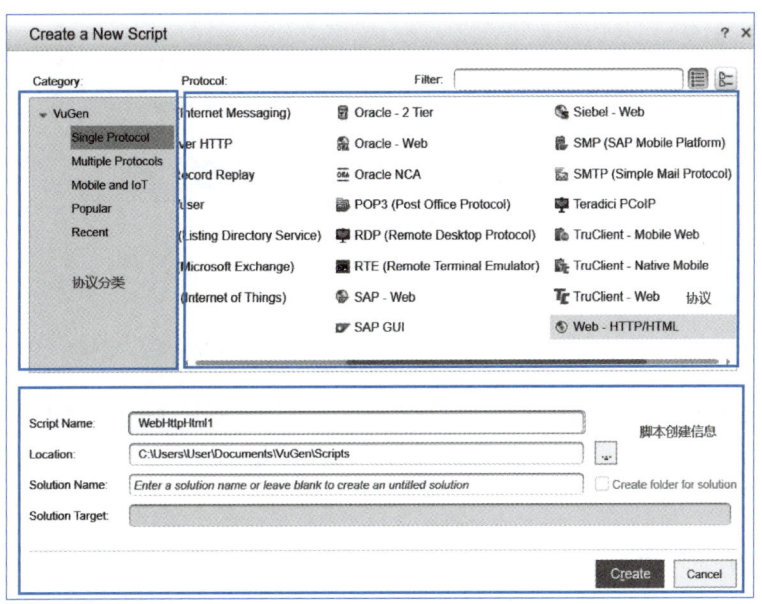

图 6-3　创建新脚本界面

（2）单击录制按钮 ◉ ,或者选择菜单"Record",或者使用快捷键 Ctrl+R,弹出"Start Recording"对话框如图 6-4 所示。参数说明如下。

- Record into action:设置脚本的存放位置,有 vuser_init、Action、vuser_end 三个值。
- Record:选择录制类型。
- Application:该配置项和 Record 选项联动。
- URL address:Web 项目的 URL 地址。

（3）单击"Start Recording"按钮,弹出"Recording"工具栏如图 6-5 所示。

在开始录制之前,先要确保 LoadRunner 自带的例子"HP Web Tours Application"的后台服务已经在运行。启动步骤为:选择"开始"→"所有程序"→"LoadRunner"→"Samples"→"Web"→"Start Web Server"选项即可。

单击"Recording"工具栏中的录制按钮,调出 IE 浏览器,LoadRunner 开始录制脚本,同时自动访问本地的 HP Web Tours Application,如图 6-6 所示。

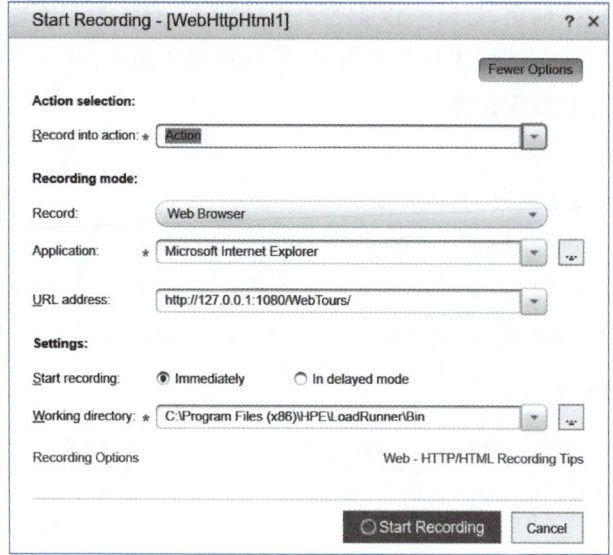

图 6-4 开始录制对话框

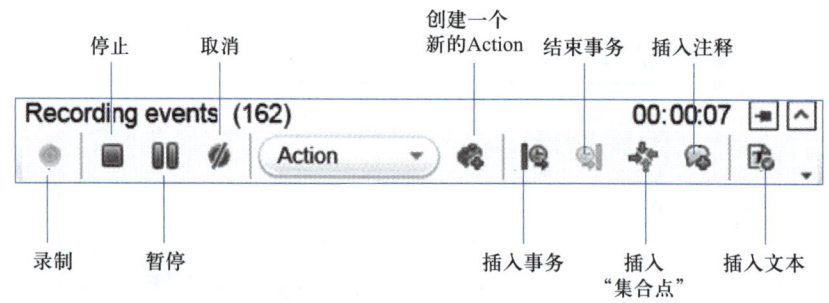

图 6-5 "Recording"工具栏

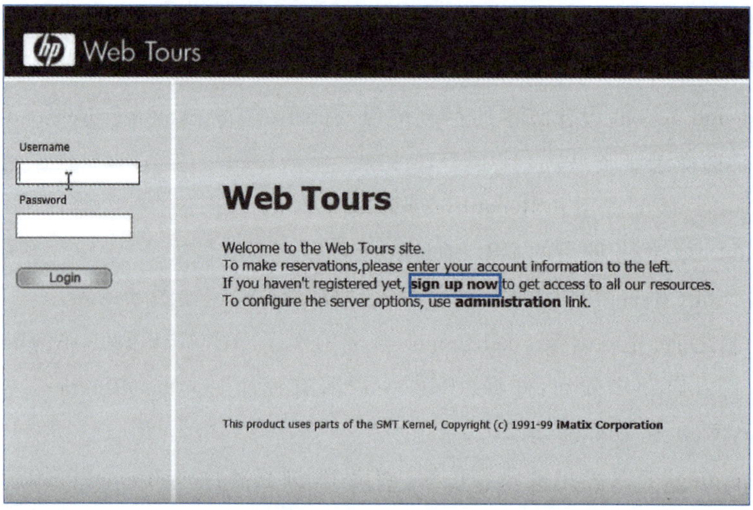

图 6-6 HP Web Tours Application 欢迎界面

在欢迎界面,单击"sign up now"链接,首先进行注册。输入用户名和密码,单击"login"按钮进行注册。

单击工具栏中的停止录制按钮,返回 VuGen,界面中显示 Recording Report。Recording Report 中没有报错,说明脚本录制成功。

2. 优化测试脚本

（1）添加思考时间

打开 Web Tours Application,输入用户名和密码之后,单击"login"按钮。两个操作之间应该有一段等待时间,这个等待时间通过插入思考时间来实现。

① 选择"Design"→"Insert Script"→"New Step"选项。在"Steps Toolbox"界面中搜索函数关键字,在搜索结果中双击"lr_think_time",如图 6-7 所示。

微课 6-5
优化测试
脚本

② 弹出"Think Time"对话框,输入思考时间（秒）,如图 6-8 所示。插入后的脚本如图 6-9 所示。

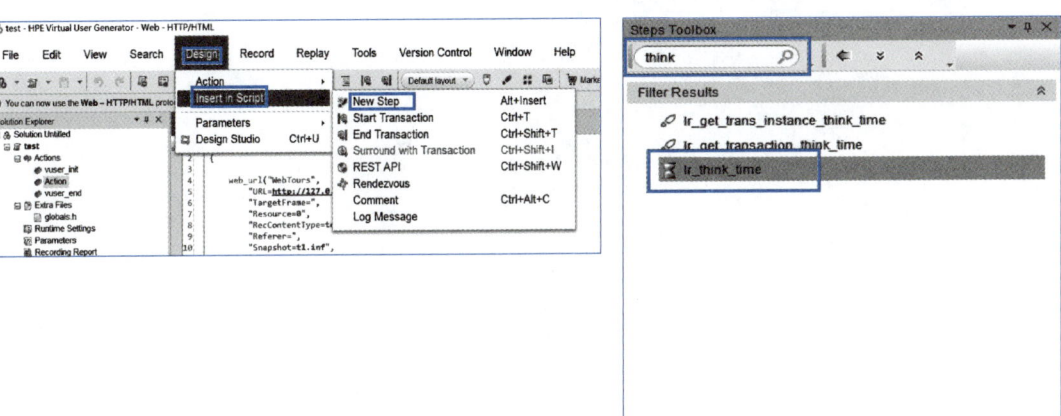

图 6-7　Steps Toolbox 中搜索"Think Time"的界面

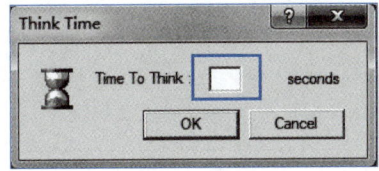

图 6-8　Think Time 对话框

（2）插入检查点

输入用户名 test1,登录成功后,页面会显示"Welcome, test1",使用"test1"作为检查文本,判断登录页面是否成功。

① 在"Steps Toolbox"界面中搜索函数关键字,在搜索结果中双击"web_reg_find",如图 6-10 所示。② 弹出"Find Text"对话框,输入检查点文本,如图 6-11 所示。插入后的脚本如图 6-12 所示。

```
test : Action.c   ✕

25
26     web_submit_data("login.pl",
27         "Action=http://127.0.0.1:1080/cgi-bin/login.pl",
28         "Method=POST",
29         "TargetFrame=info",
30         "RecContentType=text/html",
31         "Referer=http://127.0.0.1:1080/cgi-bin/login.pl?username=&password=&getInfo=true",
32         "Snapshot=t3.inf",
33         "Mode=HTML",
34         ITEMDATA,
35         "Name=username", "Value=test1", ENDITEM,
36         "Name=password", "Value=123456", ENDITEM,
37         "Name=passwordConfirm", "Value=123456", ENDITEM,
38         "Name=firstName", "Value=tt", ENDITEM,
39         "Name=lastName", "Value=tt", ENDITEM,
40         "Name=address1", "Value=sh", ENDITEM,
41         "Name=address2", "Value=jn", ENDITEM,
42         "Name=register.x", "Value=56", ENDITEM,
43         "Name=register.y", "Value=9", ENDITEM,
44         LAST);
45
46     lr_think_time(20);
47
48
49     web_url("button_next.gif",
50         "URL=http://127.0.0.1:1080/cgi-bin/welcome.pl?page=menus",
51         "TargetFrame=body",
52         "Resource=0",
53         "RecContentType=text/html",
```

图 6-9　在脚本中插入思考时间

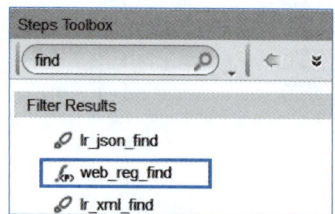

图 6-10　在 Steps Toolbox 中搜索"web_reg_find"的界面

图 6-11　"Find Text"对话框

```
test : Action.c   ✕

42    "Name=register.x", "Value=50", ENDITEM,
43    "Name=register.y", "Value=9", ENDITEM,
44    LAST);
45
46    lr_think_time(20);
47    web_reg_find("Text=test1",
48    LAST);
49
50    web_url("button_next.gif",
51    "URL=http://127.0.0.1:1080/cgi-bin/welcome.pl?page=menus",
52    "TargetFrame=body",
53    "Resource=0",
54    "RecContentType=text/html",
55    "Referer=http://127.0.0.1:1080/cgi-bin/login.pl",
56    "Snapshot=t4.inf",
57    "Mode=HTML",
58    LAST);
59
60    web_url("SignOff Button",
61    "URL=http://127.0.0.1:1080/cgi-bin/welcome.pl?signOff=1",
62    "TargetFrame=body",
63    "Resource=0",
64    "RecContentType=text/html",
65    "Referer=http://127.0.0.1:1080/cgi-bin/nav.pl?page=menu&in=home",
66    "Snapshot=t5.inf",
67    "Mode=HTML",
68    LAST);
```

图 6-12　在脚本中插入文本检查点

（3）脚本参数化

以录制的脚本为例，填写注册信息的过程需要进行参数化。应该把用户名和密码的值进行参数化，模拟不同用户并发注册账号的情形。

① 选中需要参数化的内容，此处为用户名"test1"；

② 右击，在弹出的菜单中选择"Replace with Parameter"→"Create New Parameter"选项，如图 6-13 所示；

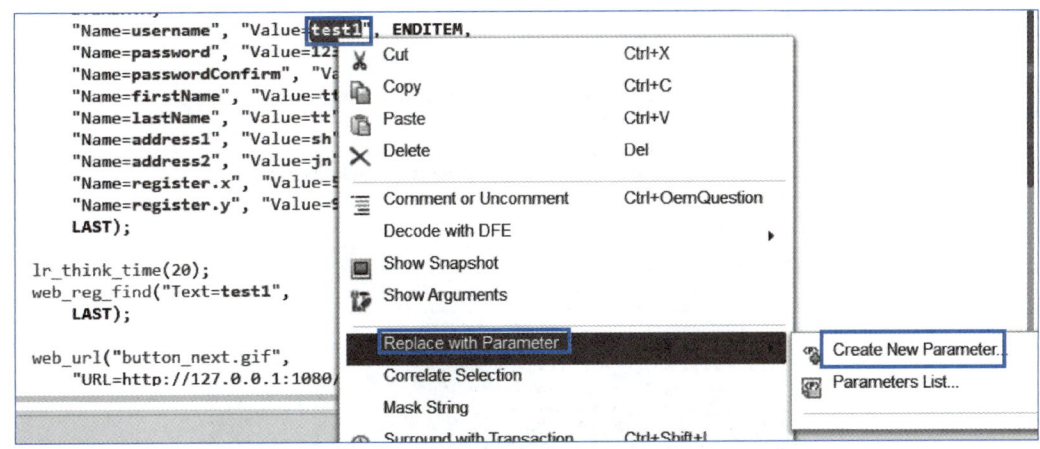

图 6-13　参数化设置

③ 弹出"Select or Create Parameter"对话框，输入参数名称，选择参数类型；

④ 默认调用记事本编辑器，在记事本中输入参数化的数据，参数化文件如图 6-14 所示。

（4）添加事务

事务用于模拟用户的一个完整操作。本例在 Web Tours Application 中"购买机票提交保存"这个操作前设置事务。在"Steps Toolbox"界面中搜索函数关键字，在搜索结果中双击"lr_start_transaction""lr_end_transaction"，如图 6-15 所示。

图 6-14　参数化文件

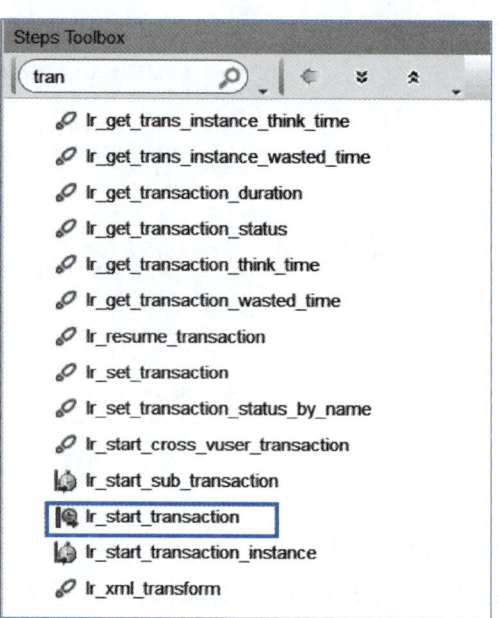

图 6-15　Steps Toolbox 中搜索函数的界面

添加名字为"tr"的开始事务以及结束事务，如图 6-16 所示。

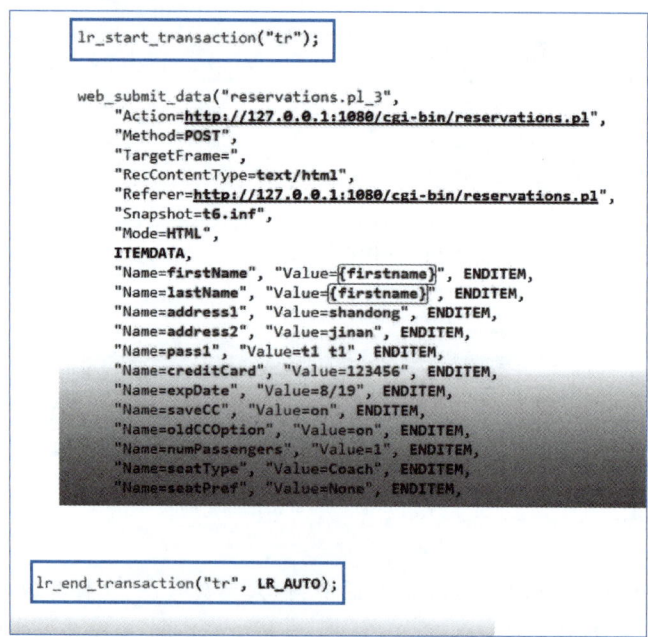

图 6-16　在脚本中插入事务

234

（5）集合点

在 Web Tours Application 中"购买机票提交保存"这个操作前设置集合点，控制所有虚拟用户在同一时间进入下一个操作。在"Steps Toolbox"界面中搜索函数关键字，在搜索结果中双击"lr_rendezvous"，如图 6-17 所示。输入集合点名称"rend"，脚本中插入名称为"rend"的集合点，如图 6-18 所示。

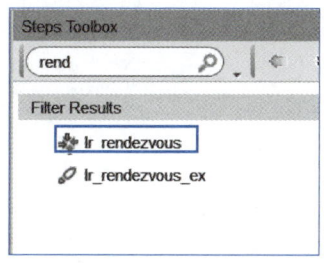

图 6-17　在 Steps Toolbox 中搜索函数界面

```
"Name=numPassengers", "Value=1", ENDITEM,
"Name=advanceDiscount", "Value=0", ENDITEM,
"Name=seatType", "Value=Coach", ENDITEM,
"Name=seatPref", "Value=None", ENDITEM,
"Name=reserveFlights.x", "Value=32", ENDITEM,
"Name=reserveFlights.y", "Value=11", ENDITEM,
LAST);


lr_start_transaction("tr");

lr_rendezvous("ren'd");

web_submit_data("reservations.pl_3",
    "Action=http://127.0.0.1:1080/cgi-bin/reservations.pl",
    "Method=POST",
    "TargetFrame=",
    "RecContentType=text/html",
    "Referer=http://127.0.0.1:1080/cgi-bin/reservations.pl",
    "Snapshot=t6.inf",
    "Mode=HTML",
    ITEMDATA,
    "Name=firstName", "Value={firstname}", ENDITEM,
    "Name=lastName", "Value={firstname}", ENDITEM,
    "Name=address1", "Value=shandong", ENDITEM,
    "Name=address2", "Value=jinan", ENDITEM,
```

图 6-18　脚本中插入集合点

3. 场景设计

场景中设置脚本运行时的迭代次数为 10 次，两次迭代之间固定间隔 5 秒。场景中设置 100 个用户并发，每 5 秒启动 10 个用户，持续 5 分钟。

微课 6-6
设计运行
场景

① 在新建场景界面选择手动场景,添加刚才录制好的脚本,单击"OK"按钮,如图 6-19 所示。

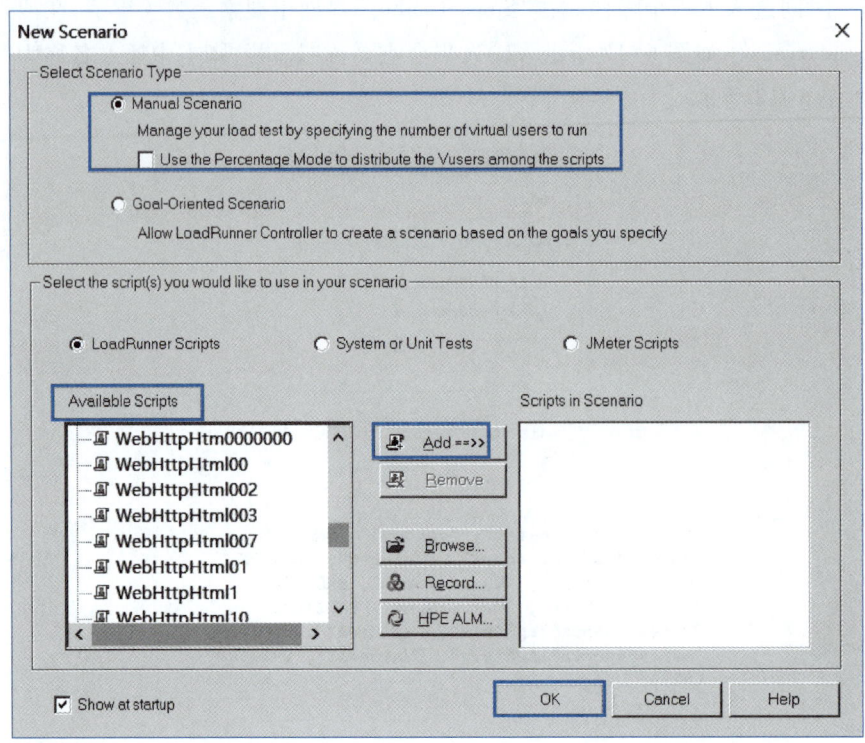

图 6-19　新建场景界面

② 在 Scenario Schedule 区域中的 Global Schedule 模块进行场景设计。单击图 6-20 所示的行,在"Edit Action"对话框中设置 100 个用户并发,每 5 秒启动 10 个用户;设置场景持续 5 分钟,如图 6-21 所示。

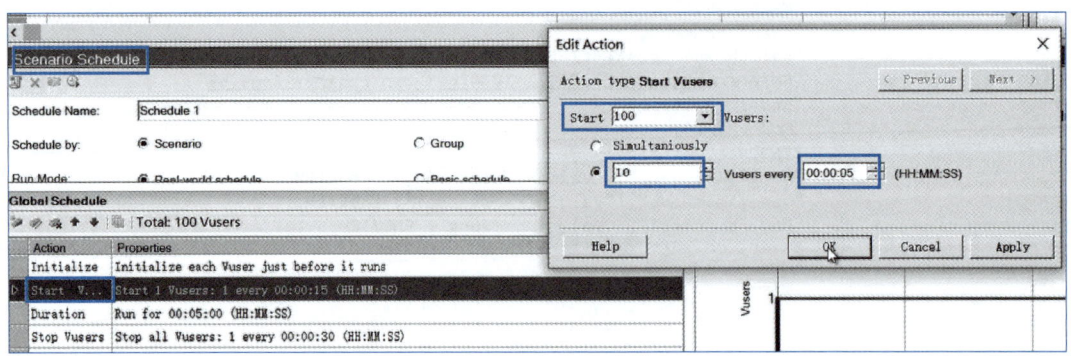

图 6-20　Global Schedule 模块的 Start Vusers 设置

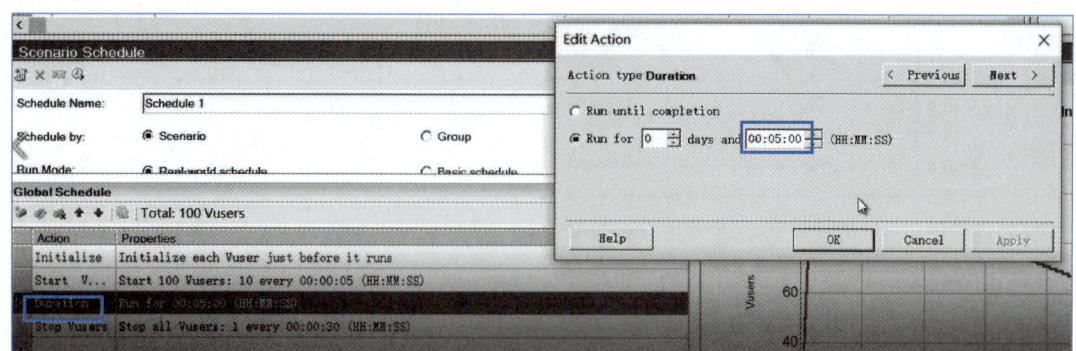

图 6-21　Global Schedule 模块的 Duration 设置

4. 场景运行

点击页面左下方的 Run 选项卡,进入场景运行界面,开始按照设计的场景运行脚本。如图 6-22 所示。这个界面中显示了所有场景运行的当前状态,通过状态图展示各种性能指标。

微课 6-7
运行测试
场景

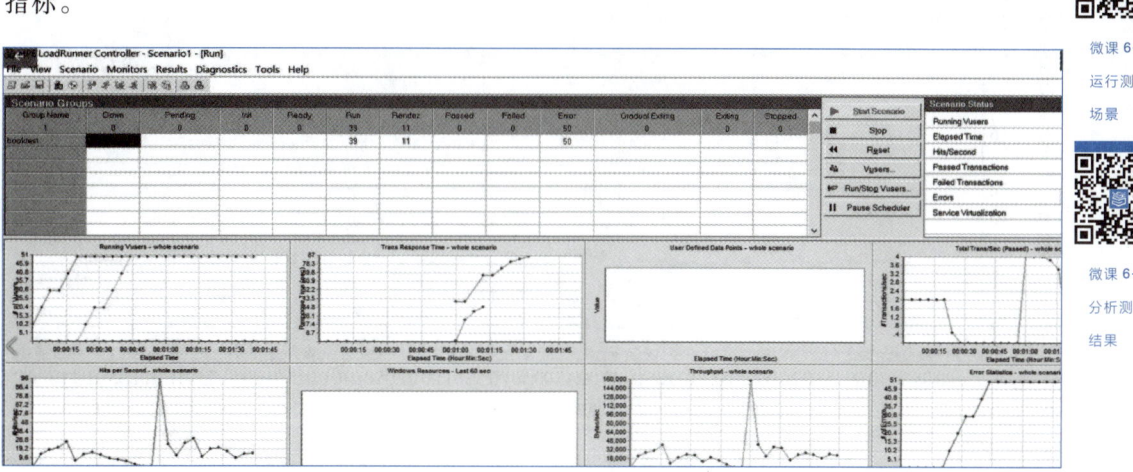

图 6-22　场景运行界面

微课 6-8
分析测试
结果

图 6-23 显示了随着运行的时间而变化的虚拟用户数。由图可知,虚拟用户在运行 15 秒后达到了峰值。

图 6-24 展示的是平均事务响应时间的状态变化图。由图可知,曲线比较平缓,对虚拟用户的事务响应比较均匀。

》》 任务拓展

在实际的测试工作中,如果对测试环境不了解,可能无法发现因为测试环境问题而产生的缺陷。所以,具备测试环境搭建、环境配置、测试工具安装及使用的能力,更有助于从底层发现问题。

微课 6-9
搭建性能
测试环境

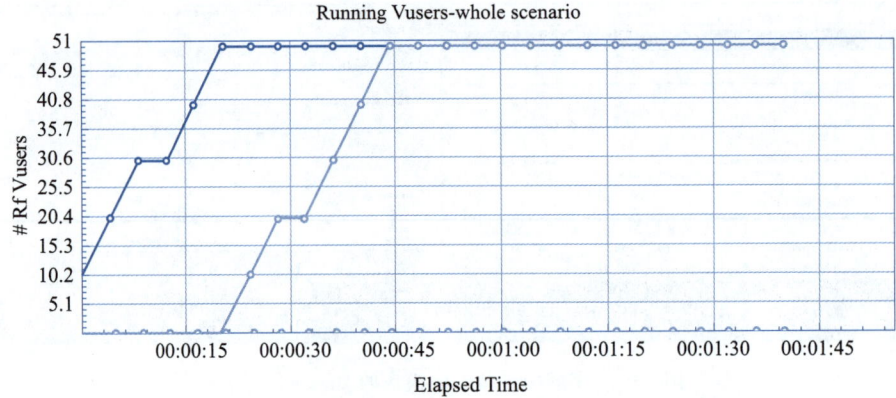

图 6-23　运行的虚拟用户数

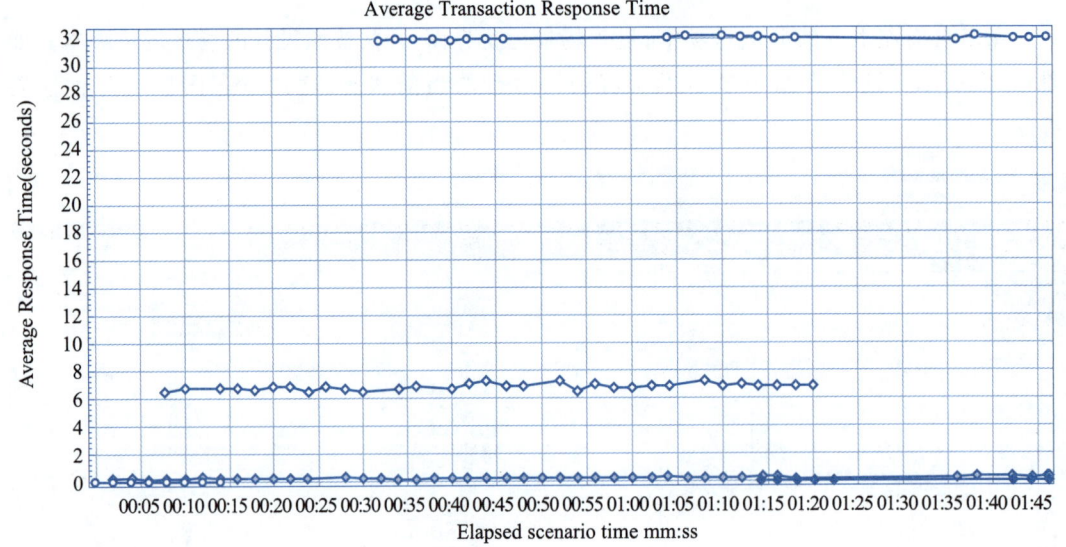

图 6-24　平均事务响应时间状态变化图

1. 性能测试环境搭建要求

（1）硬件环境

要求环境配置的一致性，包括服务器型号、是否在集群环境下、交换机型号、网络传输速率等。

（2）软件环境

要求软件版本的一致性，包括操作系统、数据库、中间件、被测系统版本。除此之外，还要求系统配置参数的一致性，包括操作系统、数据、中间件、被测试系统参数的配置。

2. 性能测试环境搭建原则

要求开发环境、测试环境和生产环境要保持一致，能够模拟真实使用环境，测试环境与开发环境相互独立，避免干扰。

3. 在 Windows 环境下搭建

本任务以 Web 应用系统为例,介绍 Windows 环境下搭建被测对象服务器、数据库的方法,以及性能测试工具的安装及环境配置。

（1）JDK 的配置

JDK 是 Java 语言的软件开发工具包,是整个 Java 开发的核心,包含 Java 的运行环境和 Java 工具。

① 下载安装之后,打开 cmd,输入命令 java -version 进行验证,如图 6-25 所示。

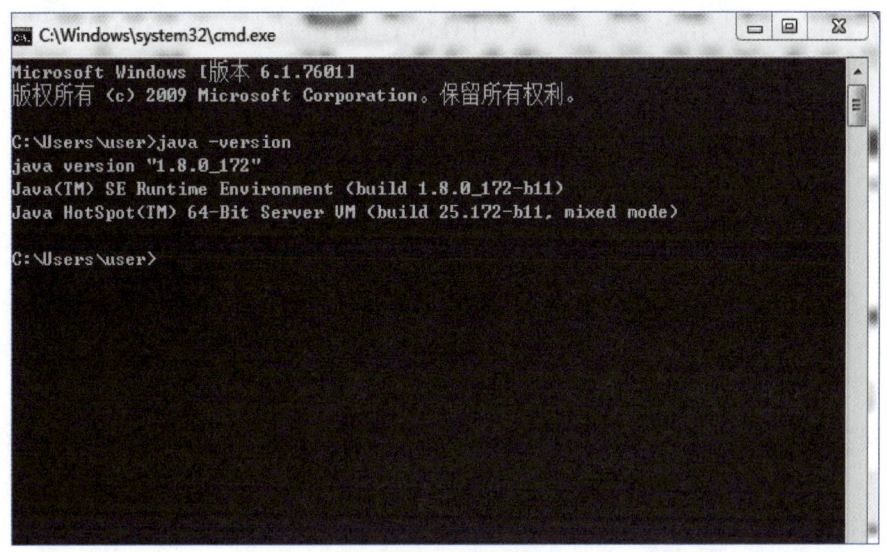

图 6-25　JDK 安装验证

② 环境变量配置:右击"计算机"图标,在弹出的菜单中选择"属性"→"高级系统设置"对话框→"高级"选项卡→"环境变量"按钮,打开"环境变量"对话框,进行环境变量配置。

（2）数据库的安装

以 MySQL 数据库为例。该数据库是最流行的关系型数据库管理系统,是 Web 应用方面最好的关系数据库管理系统之一。

① 下载安装后,配置环境变量,在系统变量"Path"中添加 MySQL 安装目录中 bin 目录的地址。

② 启动 Mysql:以管理员身份打开 cmd,启动 MySQL 服务,启动命令为 net start <MySQL 实例名称>。

（3）服务器的安装

以 Tomcat 服务器为例。该服务器是一个免费开源的 Web 应用服务器,属于轻量级应用服务器。

① 下载安装后,配置环境变量。新建系统变量"CATALINA_HOME",变量值是 Tomcat 解压后的文件路径,如图 6-26 所示。

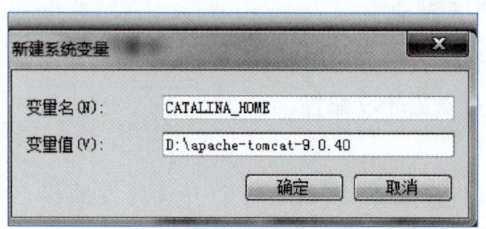

图 6-26　系统变量"CATALINA_HOME"的配置

编辑"Path"变量,在末尾添加"%CATALINA_HOME%\bin;%CATALINA_HOME%\lib",如图 6-27 所示。

图 6-27　系统变量"Path"配置

② 安装 Tomcat:使用 cmd 进入 Tomcat 的"bin"目录,目录下输入 service. bat install 命令。

③ 运行、验证 Tomcat:在 Tomcat 的"bin"目录下,双击"tomcat. exe"文件,运行 Tomcat。浏览器验证地址为 http://localhost:8080。

(4) 安装 LoadRunner

安装 LoadRunner 的步骤非常简单,启动安装包按照向导的提示逐步安装即可,个别需要注意的事项如下。

- 安装前,把所有的杀毒软件和防火墙关闭;
- 若以前安装过 LoadRunner,须将其卸载;
- 安装路径不要带中文字符;
- LoadRunner 12 已经不再支持 Windows XP 系统,浏览器建议使用 IE 10 以上版本。

 **任务实训**

任务单:LoadRunner 工具使用实训任务单

任务名称	LoadRunner 工具使用实训				
组　　别		成　　员		小组成绩	
学生姓名		个人成绩			
实训 任务	1. 安装 LoadRunner 测试工具。 2. 针对被测 Web 应用系统进行性能测试				

任务名称			LoadRunner 工具使用实训		
组　　别		成　　员		小组成绩	
学生姓名		个人成绩			
实训 目的	1. 了解 LoadRunner 测试工具的安装过程,进行安装实验; 2. 了解 LoadRunner 工具的简单操作; 3. 掌握 LoadRunner 工具的测试流程; 4. 能够使用 LoadRunner 工具进行测试工作; 5. 规范测试流程,具备严谨、规范、全面、快速录制、编写测试脚本的职业素养				
实训 要求	1. 做好实训预习,掌握并熟悉本实训中所使用的测试工具; 2. 提前熟悉被测应用程序				
实训 标准	1. 简单操作 LoadRunner 工具三大模块(30%); 2. 使用 LoadRunner 工具进行测试工作(30%); 3. 细致、严谨、规范、全面、快速录制、编写测试脚本(20%); 4. 实训报告(20%)				
实训 设备 工具					
实训 过程 步骤					

续表

任务名称	LoadRunner 工具使用实训				
组　　别		成　　员		小组成绩	
学生姓名		个人成绩			
实训结果					
实训总结					

微课 6-10
LoadRunner
综合应用

单元小结

性能测试通过自动化的测试工具模拟多种正常、峰值以及异常负载条件来对系统的各项性能指标进行测试，目的是验证软件系统是否能够满足用户提出的性能指标，同时发现软件系统中存在的性能瓶颈，最后达到优化系统的目的。 主要作用包括以下几个方面。

评估系统的能力：测试中得到的负载和响应时间数据可以用于验证所计划的模型的能力，并帮助做出决策。

识别系统的弱点：增加负载到系统的极限，找出系统的弱点，从而修复系统的瓶颈或薄弱的地方。

系统调优：重复运行测试，验证调整后的系统是否达到预期的结果，从而改进性能。

检测系统的问题：通过执行测试发现程序中的隐含的问题或冲突。

验证系统的稳定性和可靠性：在一定的负载条件下使测试持续一定的时间，来评估系统稳定性和可靠性是否满足要求。

 感悟践行

　　任何一款软件系统在上线发布前都需要做一系列的评估、测试，衡量软件是否满足使用标准以及用户需求。 软件测试过程中重要的一项就是性能测试。 从软件系统的测试工作引申到自身，做人也要依照道德的标准来处事，依照能力来办事。 如果能很好地衡量自身的道德和能力，凡事从自身实际出发，恰在其位，就能发挥最大的作用。 因此，每个人都应该正确地认识和评价自己，从自身实际出发，以此来决定行事方针和方法。

 单元测评

单元 6 测评表

专业能力核心	评价指标	自评结果
理解软件性能与功能的关系、性能测试的概念及性能测试指标的能力	1. 能够描述软件性能与功能的区别；	□ A □ B □ C
	2. 能够描述性能测试的概念；	□ A □ B □ C
	3. 能够描述性能测试的具体指标；	□ A □ B □ C
	4. 能够将理论与实践相结合,把知识内化于心,运用到实践中	□ A □ B □ C
运用性能测试工具进行测试的能力	1. 能够理解性能测试工具的原理；	□ A □ B □ C
	2. 能够了解主流的性能测试工具；	□ A □ B □ C
	3. 能够熟练使用 LoadRunner 工具进行性能测试；	□ A □ B □ C
	4. 能够对测试结果进行分析；	□ A □ B □ C
	5. 遵守测试脚本编写规范	□ A □ B □ C
对应用系统进行性能测试分析的能力	1. 能够理解各类性能测试方法；	□ A □ B □ C
	2. 能够分析并确定被测系统的性能测试点；	□ A □ B □ C
	3. 能够掌握性能测试的实施步骤；	□ A □ B □ C
	4. 能够理解性能测试的各个管理过程	□ A □ B □ C
学生签字：	教师签字：	年　　月　　日

 单元测验

一、单选题

1. 以下关于性能测试,说法不正确的是(　　　　)。

A. 通过自动化的测试工具模拟各种正常、峰值以及异常负载条件来对系统的各项性能指标进行测试的活动

B. 性能测试不仅仅针对已完成的项目,测试单个单元或模块也是有价值的

C. 只有系统基础功能测试验证完成、系统趋于稳定的情况下,才能进行性能测试

D. 对一个不稳定或处于"半成品"状态的软件系统也可以进行性能测试

2. 以下(　　)性能指标衡量的是服务器对事务的处理能力。

A. 吞吐量　　　　　　B. TPS　　　　　　　　C. 点击率　　　　　　D. 响应时间

3. 若要测试 Web 应用程序是否满足 7×24 小时持续运行,可以通过(　　)判断系统的稳定性。

A. 容量测试　　　　　B. 压力测试　　　　　　C. 可靠性测试　　　D. 并发测试

4. 优化测试脚本时,通过设置(　　)验证服务器响应页面的正确性。

A. 集合点　　　　　　B. 事务　　　　　　　　C. 检查点　　　　　　D. 参数化

5. 要测试服务器稳定性,应该使用(　　)性能测试方法。

A. 配置测试　　　　　B. 容量测试　　　　　　C. 压力测试　　　　　D. 负载测试

二、填空题

1. 性能测试指标中,_____是系统对用户请求作出响应所需要的时间。

2. 关于软件性能与软件功能,_____关注的是软件能够完成哪些功能,_____关注的是在完成功能时展示出来的对时间的及时性、资源经济性的要求。

3. _____是指同一时间请求和访问的用户数量。

4. LoadRunner 由_____、_____、_____三部分组成。

5. LoadRunner 场景包括两种,分别是_____和_____。

三、简答题

1. 简述性能测试的概念,列举性能测试指标。

2. 性能测试方法有哪些?

3. 简述性能测试的主要流程。

4. 简述性能测试工具 LoadRunner 的特点。

参考文献

［1］郭磊.软件测试［M］.3 版.北京:高等教育出版社,2022.

［2］江楚.零基础快速入行入职软件测试工程师［M］.北京:人民邮电出版社,2020.

［3］张小松、王钰,等.软件测试［M］.2 版.北京:机械工业出版社,2019.

［4］吴伶琳,王明珠.软件测试技术任务驱动式教程［M］.北京:北京理工大学出版社,2022.

［5］佩腾.软件测试:第 2 版［M］.张小松,译.北京:机械工业出版社,2022.

［6］武剑洁,陈传波,肖来元,软件测试技术基础［M］.武汉:华中科技大学出版社,2008.

［7］贺平.软件测试教程［M］.北京:电子工业出版社,2010.

［8］刘胜.性能测试从零开始［M］.北京:电子工业出版社,2009.

［9］柳纯录.软件评测师教程［M］.北京:清华大学出版社,2010.

读者意见反馈

为收集对教材的意见建议,进一步完善教材编写并做好服务工作,读者可将对本教材的意见建议通过如下渠道反馈至我社。

咨询电话　400-810-0598

反馈邮箱　gjdzfwb@pub.hep.cn

通信地址　北京市朝阳区惠新东街4号富盛大厦1座

　　　　　高等教育出版社总编辑办公室

邮政编码　100029